두피 모발학

오리엔탈 헤드스파

허은영 · 김경미 · 박해련 · 송영아 · 이주미 공저

BM 성안당

도서 A/S 안내

당사에서 발행하는 모든 도서는 독자와 저자 그리고 출판사가 삼위일체가 되어 보다 좋은 책을 만들어 나갑니다.

독자 여러분들의 건설적 충고와 혹시 발견되는 오탈자 또는 편집, 디자인 및 인쇄, 제본 등에 대하여 좋은 의견을 주시면 저자와 협의하여 신속히 수정 보완하여 내용 좋은 책이 되도록 최선을 다하겠습니다.

구입 후 14일 이내에 발견된 부록 등의 파손은 무상 교환해 드립니다.

저자 e-mail : heo0319@nate.com

본서 기획자 e-mail : hck8181@hanmail.net(황철규)

홈페이지 : http://www.cyber.co.kr

전화 : 031)955-0511

머리말

산업이 발달하면서 "웰빙"이란 단어가 자연스러울 만큼 건강에 대한 관심은 높아지고 있습니다. 과거에는 유전적인 요인에 의한 탈모현상이 남성 위주의 관심사였다면, 지금은 스트레스라는 사회적인 변화에 남성뿐만 아니라 여성의 탈모현상까지 많은 사람들의 관심의 대상이 되고 있습니다. 사회적 현상이 이렇다보니 사람들의 두피관리에 대한 인식이 높아졌고, 실제로도 두피관리를 받는 사람들이 늘어나고 있습니다. 이렇듯 소비자의 증가는 두피 프랜차이즈 회사들이 성행하게 되는 계기가 되었습니다. 그러나 두피 프랜차이즈 회사들이 우후죽순으로 생기다보니 차별화 된 시스템을 구축하지 못한 채 소셜커머스와 같은 저가경쟁에 밀려 서로 제 살 깎아먹기식의 운영을 하고 있는 실정입니다.

산업현장에서 이런 악순환을 지켜보면서 고객, 두피관리사, 회사가 모두 행복할 수 있는 시스템은 없을까를 고민하던 차에 이 책을 쓰게 되는 계기가 되었습니다.

우선은 두피관리사가 될 수 있는 학생이 정확한 두피 타입을 이해하고 실습을 접목하여 두피관리실 같은 산업계에 취업했을 때 응용이 가능하도록 하는 바람으로 썼으며, 둘째는 차별화 된 시스템으로 두피 프랜차이즈를 운영했을 때 회사의 영리와 고객의 만족이 있을 때 모두가 행복할 수 있다고 보았던 것입니다.

이 책의 첫 장은 두피·모발생리학으로 시작하여 세계 최초의 스마트폰 현미경으로 찍은 사진과 상담법을 제시하였고, 2장에서 아유르베다의 체질에 따른 두피관리법과 허브의 사용과 응용부분을 다뤘습니다. 마지막 시술편은 기존 프랜차이즈에서 사용하고 있는 테크닉과 더불어 새로운 개념의 어깨관리까지 응용할 수 있도록 구성하였으며, 두피 산업계에서 아직 사용하지 않는 오닉스 준보석을 이용한 관리를 제시함으로써 한층 차별화 된 시스템을 구축하도록 하였습니다. 무엇보다 현장에서의 응용이 가능하기 위해서는 정확한 지식을 습득하고, 이 분야에서 좀 더 깊은 연구가 필요하리라 봅니다.

이 책은 두피를 전문으로 연구하시는 교수님들과 아유르베다를 이용한 이론과 임상적용법을 연구한 교수님들이 참여하여 좋은 책이 출판될 수 있도록 하였습니다. 마지막으로 이 책을 선택하는 모든 독자들에게 작은 도움이 되길 바라며, 책이 나올 수 있도록 도와주신 선후배 여러분과 책의 길잡이가 되어 주신 정진성 대표님을 비롯하여 성안당 편집부 여러분께 감사의 말을 전합니다.

저자일동

두피 · 모발 생리학

1절 두피의 구조와 생리

1. 두피의 정의

피부는 인체의 외부 표면을 덮고 있는 조직으로서, 외부의 자극으로부터 신체 내부를 보호하는 기관이다. 전신의 피부조직은 그 구조와 기능이 거의 동일하지만, 특정 부위와 범위에 따라 다른 명칭으로 구분해서 불리기도 한다. 얼굴, 두피, 손바닥, 손등, 전신 등 일부 범위를 특징지어 구분하는데, 이는 피부의 구조적 차이(예 손바닥의 피부구조)가 존재하거나 피부의 부속기관(예 피지선, 한선, 모낭, 모발 등)의 분포양상, 외부 환경적인 요인 등으로 인해 피부의 상태가 다른 차이를 보이기 때문이다.

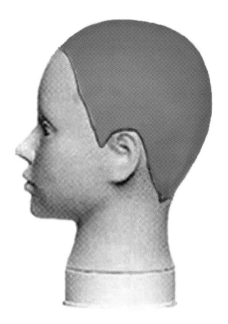

▲ 그림 1.1 두피의 범위

두피란 인체를 덮고 있는 피부조직에서 머리부분을 덮고 있는 부분에 해당하며, 머리부분의 피부조직은 다시 얼굴의 피부와 두피로 구분을 짓는다. 일반적으로 의미하는 두피의 범위는 두상의 피부조직에서 얼굴의 피부를 제외한 곳으로, 이마의 헤어라인에서부터 후두부의 후발제[1] 부위까지, 두상 전체의 헤어라인 안쪽 두발이 자라난 곳의 피부만을 말한다.

두피는 다른 어떤 부위의 피부조직보다 모낭과 혈관이 풍부하고 신경 분포도 매우 조밀하다. 얼굴 피부와는 달리 10만 개 이상의 모낭과 모발이 두피 속에 자리하고 있기 때문에 모발 밀도가 굉장히 높을 뿐만 아니라 모발의 길이 또한 매우 길어서 두피 표면의 대부분을 모발이 뒤덮고 있어 외부의 물리적 자극이나 화학적 변화를 완충시켜 두피 내부를 유지하고 보호하는 역할을 한다. 반면 펌, 염색, 탈색, 샴푸 등의 화학적 작용이나 내적 이상에 대하여 민감하게 작용하기도 한다. 그러므로 두피 관리는 다른 부위의 피부조직에 대한 관리와는 차별화를 두어야 한다.

2. 두피의 구조

두피는 아주 복잡한 구조와 생리 기능을 갖고 있으며, 두피 표면에서부터 표피, 진피, 피하조직으로 형성되어 있다. 두피 내부에는 혈관, 신경, 한선, 피지선, 모낭, 모발 등 다양한 부속기관들이 존재한다.

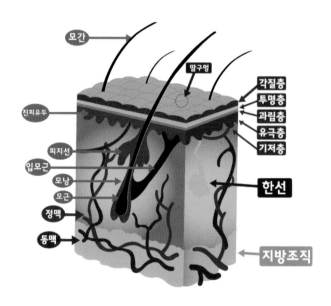

▲ 그림 1.2 피부의 구조

[1] 후발제(後髮際) : 목덜미 위의 머리털이 난 경계부위

1) 표피(epidermis)

표피는 피부의 가장 바깥 층으로 외부 환경과 직접 접하고 있어 피부 방어벽을 형성하여 신체 내부를 보호해주는 보호막 기능을 한다. 주로 각질세포로 구성되어 있고 멜라닌 세포, 랑게르한스 세포가 존재하고, 각질과 멜라닌을 형성하여 세균 등 외부로부터 유해물질과 자외선 침입 등을 방어하는 면역 기능을 한다. 모세혈관이나 신경은 존재하지 않는다.

표피는 피부 표면에서부터 각질층, 투명층, 과립층, 유극층, 기저층의 순서로 층을 이루고 있으나, 두피에는 투명층이 존재하지 않는다.

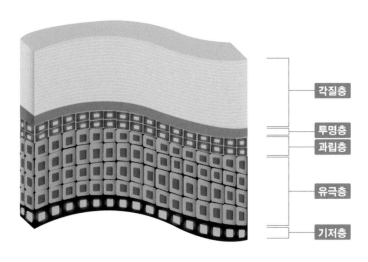

▲ 그림 1.3 표피의 구조

(1) 각질층

표피층의 가장 바깥 표면에 위치하는 최외각층으로, 신체 내부를 보호하는 방어의 중요한 역할을 하는 막이다. 핵이 없는 편평한 각질세포가 20~25층으로 겹쳐져 있으며, 죽은 세포인 각화 산물, 각질이 매일 다양한 마찰과 각화주기에 의해 2~3층씩 탈락한다.
각질과 지질, 천연보습인자(NMF; Natural Moisturizing Factor)로 구성되어 있으며, 15~20% 정도의 수분을 지니고 있다. 피부 표면의 탄력성 유지와 피부 수분 손실에 매우 중요한 방어막 기능을 담당하며, 두피 관리 시 주요 관리 부위이다.

(2) 투명층

각질층 바로 아래층으로 납작하고 투명한 무핵세포가 2~3층을 형성하고 있다. 자외선을 반사하는 엘라이딘(Elaidin)이라는 반유동성 단백질이 수분 침투를 막아주는 역할을 한다. 주로 손이나 발바닥에 존재하며, 두피에는 존재하지 않는다.

(3) 과립층

3~5층의 납작한 과립세포층으로, 케라토히알린(Keratohyalin)이라는 과립이 만들어져 핵을 파괴시키고 수분이 감소하는 실질적인 각질화 과정이 시작되는 층이다. 수분저지막 (Rein Membrane)이 수분 증발 및 과잉 침투, 이물질의 방어를 담당한다.

(4) 유극층

약 5~10층으로 구성되어 있으며, 표피 중에서 가장 두꺼운 층이다. 핵이 존재하는 가시 모양의 돌기를 지닌 세포로 구성되어 가시층이라고 한다. 세포 사이에 림프액이 순환하고 있어 물질대사❷에 관여하며, 표피층의 각 세포에 영양분을 공급하는 역할을 한다. 면역기능을 담당하는 랑게르한스세포(Langerhans Cell)가 존재한다.

(5) 기저층

표피층의 가장 아래쪽에 위치한 단층으로, 각질형성세포(keratinocyte)와 멜라닌형성세포(melanocyte)가 존재한다. 진피의 유두층과 붙어 있어 모세혈관을 통해 영양공급을 받으며, 세포분열을 통해 각질을 생산하여 위층으로 밀어 올린다. 형성된 각질세포가 28일(4주) 주기로 각질이 되어 피부로부터 떨어져나가는 박리현상을 각화과정이라고 한다.

❷ 물질대사 : 생명 유지를 위해 생체 내에서 이루어지는 물질의 화학 변화

❶ **각질형성세포(keratinocyte) : 기저층에서 형성되어 각질층까지 존재함**

- 표피를 구성하는 세포의 90% 이상을 차지
- 케라틴(각질) 단백질을 만드는 역할
- 기저층에 존재

❷ **랑게르한스세포(Langerhans Cell)**

- 표피의 각화 과정의 성장·촉진을 돕는 역할
- 면역학적 반응과 알레르기 반응에 관여
- 외부의 이물질 및 바이러스 등의 식균작용 물질이 피부에 침투 시 보호 역할
- 유극층에 존재

❸ **머켈세포(인지세포, Merkel Cell)**

- 아주 미세한 전구체인 촉각수용체로 촉각을 감지하는 촉각세포
- 신경종말세포, 신경자극을 뇌에 전달
- 털이 없는 손바닥, 발바닥, 코 부위, 입술 및 생식기 등에 존재
- 기저층에 존재

❹ **색소형성세포(Melanocyte)**

- 유전에 위해 완성된 멜라닌 과립의 형태, 크기, 색상에 따라 피부색 결정
- 멜라닌 세포의 수는 성별이나 인종에 관계없이 모두 동일
- 기저층에 존재

2) 진피(Dermis)

　진피는 피부조직 전체의 90% 이상을 차지하며, 표피의 약 20~40배에 해당하는 진짜 피부로서 표피 기저층 아래에 맞닿아 있고, 유두층과 망상층의 2개 층으로 이루어져 있다. 콜라겐과 엘라스틴 등의 섬유성 단백질과 점다당질인 기질이 젤 상태로 분포되어 있고 섬유아세포, 비만세포, 대식세포 등으로 구성되어 있다. 또한 진피층에는 혈관계, 신경계, 림프계 등이 복잡하게 얽혀 있으며, 모발의 근원이 되는 모낭이 바로 여기에서 발생하여 성장하는 곳이기 때문에 탈모의 원인을 이해하는 데 아주 중요하다.

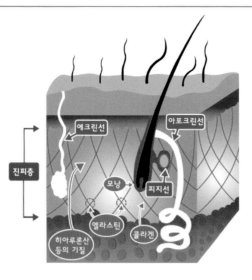

▲ **그림 1.4** 진피의 구조

(1) 유두층

진피층의 상부에 위치하여 표피의 기저층과 맞닿아 있는 작은 원추형 돌기로서 유두모양을 하고 있으며, 세포배열이 불규칙적인 섬유결합조직으로 경계가 불분명한 것이 특징이다. 진피의 10~20%를 차지하며 손상을 입으면 흉터(반흔)가 발생된다. 모세혈관, 림프관, 신경종말이 많이 분포되어 있어 모세혈관을 통해 기저세포에 영양과 산소를 공급해주는 물질교환 작용을 한다. 감각기관으로 촉각과 통각이 존재한다.

(2) 망상층

유두층 아래에 위치한 결합조직으로 피부의 유연성을 조절하는 기능을 한다. 진피의 대부분을 차지하고 있으며 콜라겐과 엘라스틴이 단단한 그물모양의 구조를 이루는데, 기질(뮤코다당류)은 친수성 다당체로 진피 내 세포들 사이를 채우고 있다. 모세혈관이 거의 없으며 동맥과 정맥, 모낭, 입모근, 털, 피지선, 한선, 신경총 등이 존재하고 있다. 감각기관으로 냉각, 온각, 압각이 존재한다.

　① 콜라겐

　　　진피 성분의 90%를 차지하며, 섬유단백질인 교원질[3]로서 섬유아세포에서 생성된다. 1,000여 개의 아미노산이 삼중 나선구조를 이루며 많은 수분을 함유하고 있다.
　　　피부 주름의 원인으로 작용하며 주성분인 아미노산이 훌륭한 보습제 역할을 한다.

---

[3] 교원질(콜라겐) : 동물의 뼈, 힘줄, 인대, 연골, 진피, 상아질 따위에 들어있는 경단백질

젊은 피부일수록 수분 보유력이 좋은 용해성 콜라겐이 존재한다.

② 엘라스틴

탄력이 있는 섬유단백질로 각종 화합물에 대해 저항력이 뛰어나다. 피부를 잡아당겼을 때 1.5배까지 늘어나는 탄력성을 가진다. 진피 성분의 약 2~3%를 차지하지만, 피부 탄력을 결정짓는 중요한 요소이다.

③ 기질

섬유 성분과 세포 사이를 채우고 있는 물질로 히알루론산, 당질이 주성분으로 젤 형태의 물질이다. 진피의 보습인자로 피부의 영양과 신진대사, 수분유지, 노화를 방지한다.

3) 피하지방

진피보다 매우 두꺼운 층으로 피부의 가장 아래층에 있어 '피하조직'이라고도 한다. 그물 모양의 느슨한 결합조직으로 소모되고 남은 에너지를 지방으로 저장하고, 체형 결정과 열 발산을 막아주는 체온 유지의 기능이 있다. 또한 지방세포로 되어 있어 탄력성이 매우 좋아 충격 흡수장치와 같은 역할을 하여 근육과 뼈를 보호한다. 두피의 경우에는 피하지방층이 다른 부위의 피부조직보다 얇게 존재한다.

4) 두피의 부속기관

피부의 부속기관으로는 피지선, 한선(땀샘) 등이 있다.

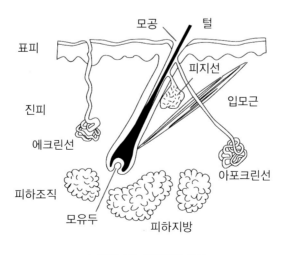

▲ 그림 1.5 피지선과 한선

(1) 피지선

피지선은 피지를 분비하는 분비선으로, 모낭의 중간 부분에 부착되어 분비된 피지를 모공을 통해 배출한다. 피지는 피부 표면의 피지막을 형성해 피부와 털의 윤기를 부여하고 수분 증발을 억제하며, 피부를 보호하고 외부의 이물질 침입을 막는다.

진피층에 위치하고 있으며, 손·발바닥을 제외한 전신에 분포하여 하루 평균 1~2g의 피지를 배출한다. 모공이 각질이나 노폐물에 막혀 피지가 외부로 원활하게 배출되지 않으면 여드름의 원인이 되고, 두피의 경우 지루성 및 염증성 두피가 될 수 있다.

(2) 한선(땀샘)

진피층에 위치한 땀을 분비하는 분비선으로, 200~500만 개 가량이 입술을 제외한 전신에 고루 분포되어 있다. 한공(땀구멍)을 통해 체외로 수분을 배출하여 신장 기능을 보조하고, 체온을 조절하며, ph를 유지한다. 소한선(에크린선)과 대한선(아포크린선)의 두 종류가 있으며, 각각 분비되는 땀의 성질이 다르다.

① 소한선 (에크린선)

진피층에 위치한 200만 개 이상의 작은 땀샘으로, 일반적인 땀을 분비하는 기관이다. 체온조절에 중요한 역할을 하며, 손·발바닥 등에 가장 많이 분포되어 있다.

② 대한선 (아포크린선)

큰 땀샘으로 소한선에서 분비되는 땀과는 달리 농도가 짙고 냄새가 난다. 모공을 통해 분비되며 겨드랑이, 유두, 음부, 배꼽 주변, 두피 등 신체 일부분에만 한정되어 있다. 사춘기 이후 발달하여 기능하기 시작하며 갱년기 이후 기능이 저하되고, 액취증(암내)과 관련이 있다.

5) 두피표면의 구조와 생리

표피 각질층은 피지선에서 분비된 피지와 한선에서 분비된 땀으로 이루어진 보호막이 피부 표면을 덮고 있어 수분 증발을 막고, 외부 이물질의 침투를 막아준다.

(1) 피지막

피지와 땀으로 이루어진 막으로, 피지 속에 땀이 일부 섞인 상태이다. 수분 증발을 막아 수분 조절 역할을 한다.

(2) 천연보습인자(NMF; Natural Moisturizang Factor)

각질층에 존재하는 천연보습인자로 수분 보유량을 조절한다. 건조를 방지하는 천연원료 역할을 하며 아미노산이 주성분이다.

(3) 산성막

피지막의 pH(수소 이온 농도)가 산성에 해당하며, 박테리아 세균으로부터 피부를 보호한다. 피부의 산성도는 pH5.2~5.8이고 두피는 4.5~5.5, 모발은 3.8~4.2 정도이다.

3. 두피의 기능

두피는 외부와 직접 접하고 있는 우리 신체의 가장 겉표면에 위치하여 외부의 여러 영향으로부터 신체 내부기관을 보호하는 중요한 역할을 한다. 또한 모발의 생장에도 중요한 역할을 하며, 각각의 기능들이 두피와 모발 상태에 직·간접적으로 많은 영향을 미친다.

1) 보호 기능

피부는 신체 내부를 보호하는 기능을 한다. 두피의 경우에는 뇌를 둘러싸고 있기 때문에 그 역할이 더욱 중요하다. 물리적인 충격으로부터 손상을 최소화하고, 두피 표면의 약산성 pH는 화학적인 자극이나 세균으로부터 두피 내부를 보호하며, 케라틴과 멜라닌이 광선에 대한 보호 역할을 담당한다.

2) 감각 기능

두피는 감각·지각 기능을 통해 촉각, 통각, 냉각, 온각, 압각 등의 감각을 느낄 수 있다.

3) 호흡 기능

호흡은 폐를 통해 대부분 이루어지지만, 피부조직을 통해 1~3% 정도의 산소를 공급받는다.

4) 흡수 기능

두피는 모발성장에 필요한 영양분을 외부로부터 흡수하는 기능을 가지고 있다. 피부의 부속기인 모공을 통해 흡수되는 비율이 두피의 표피세포를 통한 흡수보다 훨씬 높다.

5) 분비 기능

피부는 피지선을 통해 피지를 분비하고, 한선을 통해서 땀을 분비하여 피지막을 형성한다. 두피에 생성된 피지막은 약산성의 pH를 유지하여 세균으로부터 두피 내부를 보호하고, 적절하게 분비된 피지는 피부 표면의 보습작용을 한다.

6) 체온 조절 기능

인체는 항상 36.5℃를 유지하는 항상성[4]을 지니고 있다. 한공을 통해 분비되는 땀은 체표면의 온도를 유지하는 역할을 하며, 자율적으로 열을 발산하기 위해 모세혈관을 확장시켜 인체 내부의 온도를 유지한다.

2절 모발 구조와 생리

1. 모발의 정의

모발은 포유동물만이 가지고 있는 단단하게 밀착되고 각화[5]된 상피세포, 즉 피부의 각질층이 변화해서 생긴 케라틴 단백질로 구성된 죽은 세포를 말한다. 손바닥, 발바닥, 입술을 제외한 전신에 고루 분포되어 있는데 전신에 약 500만 개가 있고, 이중 두피 모발이 약 10만 개 가량이다. 촉각이나 통각을 전달하고 외부의 화학적, 물리적 자극으로부터 신체를 보호하는 기관이다.

---

❹ 항상성 : 생체가 여러 가지 환경 변화에 대응하여 내부 상태를 일정하게 유지하는 현상 또는 그 상태
❺ 각화 : 표피가 각질을 많이 포함하는 조직으로 변화하는 일. 세포가 죽어서 단단하게 되는 것

2. 모발의 발생과 성장

1) 모발의 발생

모발은 태생기에 표피의 함몰로 모낭이 형성되기 시작하면서 발생된다. 모낭은 모발을 둘러싸고 있는 주머니 모양의 기관으로, 모발 생성을 위한 기본 단위이다. 모낭에 이상이 생기면 모발 자체가 생성될 수 없다. 태생 9주부터 머리에서 발끝 방향으로 모낭이 발생하기 시작하고, 머리는 눈썹, 코 밑, 턱 밑, 두피, 안면부 순으로 형성된다. 처음에는 같은 간격으로 발생되지만, 점차 부위별로 밀도 차이가 생기게 된다.

(1) 모낭 형성 과정

① 전모아기
태생 초기의 모낭 성장기를 말하며 표피가 주피, 중간층, 배아층(기저층)으로 나누어지고 배아층의 세포가 밀집하게 되는데, 모낭 모양이 형성되기 이전 단계이다.

② 모아기
배아층의 세포가 진피 속으로 함몰되는 시기로, 모낭 모양이 형성되기 시작하는 단계이다.

③ 모항기
배아층의 세포가 기둥 모양으로 진피 내에 깊숙하게 형성되는 시기이다. 단단한 기둥을 형성하면서 진피를 뚫고 자라게 된다.

④ 모구성 모항기
모낭 기둥 면에서 피지선, 입모근의 근원 부분이 부풀어 오르고 모낭 끝이 둥글어지면서 아래쪽 가운데 부분은 오목한 모양을 가진 모구로 발전하게 된다.

⑤ 완성 모낭
조직 분화로 비로소 모발을 만들어 낼 수 있는 성숙한 모낭을 형성한다.

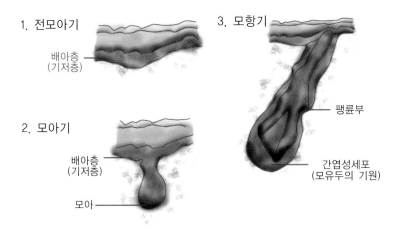

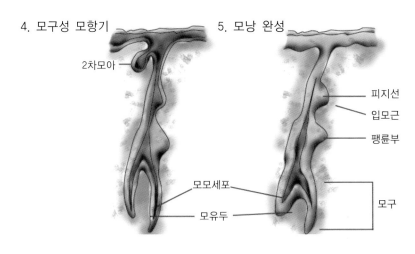

▲ **그림** 1.6 모낭 형성 과정

2) 모발의 성장

모낭이 완전이 성숙한 다음에 모발을 형성하기 시작한다. 모발은 손톱처럼 평생 길어지는 것이 아니라 각각의 독립된 수명을 지니며, 정기적으로 새로 자라나고 빠지는 것을 반복한다. 성장기, 퇴화기, 휴지기, 발생기의 주기를 반복하는데, 이를 모주기(Hair cycle)라고 한다.

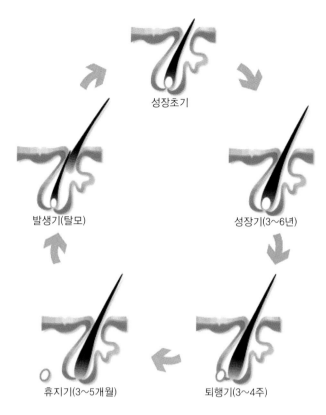

▲ **그림 1.7** 모낭의 성장주기

성장초기

성장기(3~6년)

퇴행기(3~4주)

휴지기(3~5개월)

발생기(탈모)

(1) 성장기(Anagen)

모낭의 활동 단계로 모발이 영양을 공급받고 생성 · 성장되는 시기이며, 모유두에 있는 모모세포가 가장 왕성하게 분열, 증식하고 있는 기간이다. 전체 모발 중 80~90%가 이 시기에 해당하며, 성장기는 평균적으로 남성은 3~5년, 여성은 4~6년 정도이다. 성장기의 모발은 대략 한 달에 약 1~1.5cm 자란다.

(2) 퇴행기(Catagen)

모모세포가 위축되면서 모발의 성장이 느려지는 시기로, 모구부가 수축되어 모유두로부터 모낭이 격리되기 시작한다. 전체 모발 중 1% 정도를 차지하며, 퇴행기의 기간은 3~4주가량이다.

(3) 휴지기(Telogen)

모유두가 위축되면서 모낭과 모유두가 완전히 분리되고, 모근이 위쪽으로 밀려 올라가 모발의 성장이 일어나지 않는다. 이 시기의 모발은 모낭 안에 그냥 머무르고 있는 상태로 약한 자극에도 쉽게 탈모가 일어난다. 전체 모발의 10%에 해당하며 3~5개월 가량 지속된다.

(4) 발생기(Return to Anagen)

휴지기 동안 정지해있던 모유두가 모구부와 다시 결합하여 모모세포가 분열을 시작하는 단계이다. 새로운 모발을 발생시켜 오래된 휴지기 모발을 밀어내어 자연 탈모시키는 시기이다.

▣ 모발의 성장 특성

- 모발은 낮보다는 밤에 더 잘 자람
- 가을, 겨울보다는 봄이나 여름철에 더 빠르게 자람
  : 봄에는 상대적으로 두피에서 성장기 모발의 비율이 늘어나고, 가을철에 모발의 탈락과 퇴행기 모발의 비율이 증가하기 때문
- 모발의 성장 가능 길이 : 평균 1.5m

구분	모발
1일 성장 모발 길이	0.35~0.40mm
1개월 성장 모발 길이	10.5~12mm

3. 모발의 구조

모발은 두피 안쪽에 자리잡고 있는 모근부와 두피 바깥쪽으로 자라나 있는 모간부로 나누어 볼 수 있다.

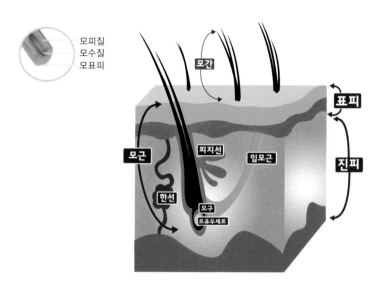

▲ 그림 1.8 모발의 구조

1) 모근부

모근부는 눈에 보이지 않는 두피 안쪽의 부분을 말하며, 모낭과 모발을 생성하는 부분으로 다음과 같이 구성된다.

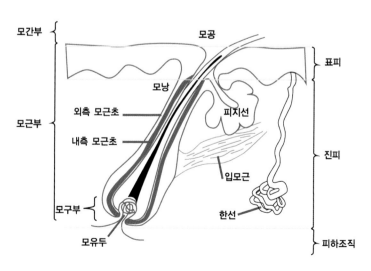

▲ 그림 1.9 모근부의 구조

(1) 모낭

피부 표피에서 유래하여 모근부를 감싸고 있는 주머니로, 옆쪽으로 피지선과 입모근이 부착되어 있다. 모발 생장이 일어나는 곳으로 모낭에 문제가 생기면 모발이 자라지 않는다.

(2) 모유두

모구의 밑부분에 접하고 있는 유두 모양의 작은 원추형 돌기로, 안쪽으로 오목하게 들어간 모구와 맞물려 있다. 감각신경과 모세혈관이 연결되어 있어 모유두를 통해서 모발 성장에 필요한 산소와 영양분을 모구부에 공급해준다.

(3) 모구

모근의 가장 밑바닥에 속이 빈 오목한 모양을 하고 있으며, 모유두 바로 위 지점에 위치하여 서로 맞물려 있다. 표피 기저층에 해당하며, 세포 분열을 통해 모발을 생성하는 곳으로 모모세포와 색소세포로 구성되어 있다.

(4) 모모세포

모모세포는 모유두를 덮고 있는 세포층으로 모유두로부터 영양분을 공급받아 끊임없이 세포 분열을 한다. 분열된 세포가 각화하면서 모발이 생성되고 두피 밖으로 밀려나오게 되는 모발의 기원이 되는 세포이다. 멜라노사이트가 존재하여 모발의 색을 결정한다.

(5) 색소세포

모발의 색을 결정짓는 멜라닌 색소를 생성하는 세포로, 모발이 각화하기 전 피질세포 안에 들어가 성장 및 색을 구성한다. 멜라닌 생산을 중단하거나 결핍될 때 모발은 하얀색이 된다.

(6) 내 · 외측모근초

모근을 감싸고 있는 모낭과 모발의 모표피층 사이에 존재하는 세포층으로, 내측모근초는 모간의 모양을 유지하고, 외측모근초는 표피의 기저층에 접하고 있다. 모발이 완전히 각화되어 밖으로 나오게 되면 이들 세포층도 비듬이 되어 소멸한다.

(7) 피지선

모근 부위의 1/3 지점 모낭벽에 부착되어 있는 피지를 분비하는 기관이다. 모공을 통해 피지를 배출하여 모발과 두피에 윤기와 유연성을 제공하고, 보습작용을 한다. 손·발바닥을 제외한 전신에 분포되어 있으며, 주로 얼굴과 두피의 피지분비량이 많다.

(8) 입모근(기모근)

모근의 하부 1/3 지점에 위치한 근육으로, 추위나 공포를 느끼면 자율적으로 수축하여 털을 세우고 피부에 소름을 돋게 한다. 입모근이 수축하면 모공이 닫혀 체온 손실을 막아주는 역할을 한다.

2) 모간부

모간부는 두피 외측 모발의 구조로 모표피, 모피질, 모수질로 구성되어 있다.

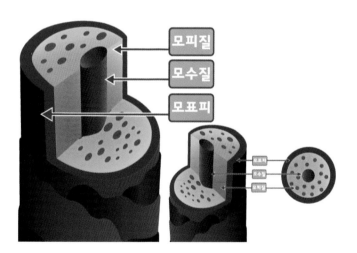

▲ **그림** 1.10 모간부의 구조

(1) 모표피(Cuticle)

모발의 가장 바깥쪽에 존재하는 딱딱하고 투명한 경케라틴층으로, 6~15층이 겹쳐져 기와무늬를 이루고 있어 모발 내부의 모피질을 외부 자극으로부터 보호하는 역할을 한다. 모발의 10~15%를 차지하고 있으며, 큐티클이 많을수록 모발은 단단하고 투명하며 마찰에 대한 강도도 높다. 바깥쪽에서부터 에피큐티클, 엑소큐티클, 엔도큐티클의 세 층으로 분류된다.

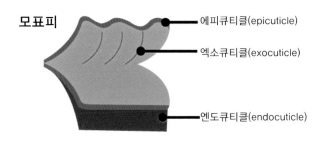

모표피
에피큐티클(epicuticle)
엑소큐티클(exocuticle)
엔도큐티클(endocuticle)

▲ 그림 1.11 모표피의 구조

① 엔도큐티클

가장 안쪽 층으로 시스틴 함량이 적고 알칼리성 약품에 약하다. 모발을 잡아당기면 갈라지거나 파열된다.

② 엑소큐티클

부드러운 케라틴질층으로 시스틴 함량이 많고, 펌제와 같은 시스틴 결합을 끊는 약품에 약한 성질을 띤다.

③ 에피큐티클

모표피 최외측에 존재하는 얇은막으로, 30% 이상의 높은 시스틴[6]을 함유하고 있다. 약품에 대한 저항성이 강하나 딱딱하기 때문에 물리적 작용에 약하다.

(2) 모피질(Cortex)

모피질은 모표피 안쪽에 위치한 모발의 중간 내부 층으로, 모발의 대부분인 85~90%을 차지하고 있다. 피질세포와 세포 간 결합물질로 구성되어 있으며, 각화된 피질세포가 모발의 길이 방향으로 규칙적으로 나열되어 있고 피질세포 사이를 간충물질이 채우고 있다.

[6] 시스틴 : 단백질을 구성하는 아미노산의 하나. 머리카락의 케라틴에 많이 함유되어 있다.

피질층은 모발의 성질을 나타내는 탄력, 강도, 색상, 질감 등을 좌우하기 때문에 헤어 관리에 매우 중요한 역할을 한다. 멜라닌 색소를 함유하고 친수성의 성질을 가지고 있기 때문에 펌, 염색과 밀접한 관련이 되는 부분이다.

▣ CMC(Cell Membrane Complex)

피질세포 사이를 채우는 간충물질로 인접한 모표피의 단위세포막이 융합된 것이며, 세포 간 접착의 역할과 수분과 약제의 통로 역할을 한다.

---

(3) 모수질(Medulla)

모발의 중심부에 위치하고 있는 속이 비어있는 벌집 형태의 세포가 3~4층을 이루며 모발의 길이 방향으로 줄지어 있다. 모발의 굵기에 따라 존재 유무가 달라서 연모에는 존재하지 않고 경모, 즉 굵은모에만 존재하고, 하나의 모발 전체에 연속적으로 모수질이 존재하지 않기도 한다. 모수질 속에는 공기와 수분이 들어차 있고, 공기의 양이 많을수록 모발에 광택을 준다. 모수질이 많은 모발은 웨이브펌이 잘 되나 모수질이 없는 모발은 웨이브 형성이 잘 안 되는 경향이 있다. 한랭지 동물의 모에는 모수질이 약 50%를 차지하고 있어 보온을 담당하는 역할을 한다.

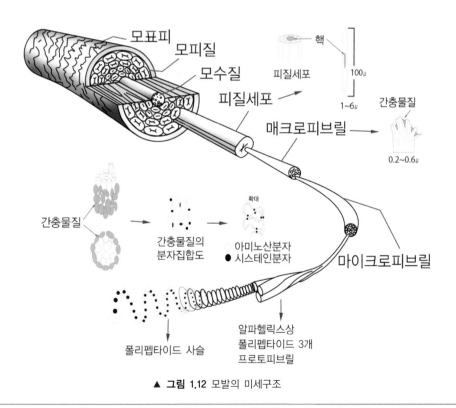

▲ **그림 1.12** 모발의 미세구조

4. 모발의 성분

모발은 대부분 케라틴(80~90%)이라고 하는 각화된 단백질을 주성분으로 구성되어 있으며, 그 외에 멜라닌 색소(3% 이하), 지질(1~8%), 수분(10~15%), 미량원소(0.6~1%) 등으로 이루어져 있다.

1) 케라틴

모낭에서 모세포들이 분열을 일으킬 때 죽은 조직들로 구성된 매우 단단한 구조의 단백질로 18종의 아미노산으로 구성되어 있으며, 특히 다량의 시스틴을 함유하고 있다. 아미노산은 탄소(50~60%), 산소(25~30%), 질소(8~12%), 수소(4~5%), 황(2~5%) 등의 원소들로 구성되어 있다.

아미노산	%	pH	아미노산	%	pH
글리신(Glycine)	9.5	6.1	아스파라긴산(Asparatic acid)	8.0	2.8
알라닌(Alanine)	4.0	6.0	글루타민산(Glutamic acid)	14.8	3.2
바린(Valine)	4.7	6.0	알기닌(Arginine)	9.6	10.8
로이신(Leucine)	9.1	6.0	리신(Lysine)	2.6	9.7
이소로이신(Isoleucine)	2.2	5.9	히스티딘(Histidine)	0.9	7.5
페닐알라닌(Penylalanine)	2.7	5.5	트립토판(Typtophan)	0.7	5.9
프롤린(Proline)	3.7	5.7	시스틴(Cystine)	16.0	5.0
세린(Srine)	7.6	5.7	메티오닌(Methionine)	1.0	5.7
트레오닌(Treonine)	7.2	5.6	티로신(Trosine)	3.1	5.7

2) 수분

일반적인 모발의 수분 함량은 대개 10~15% 정도이며, 세정 직후에는 30~35%, 건조(드라이) 후에는 10% 정도이다. 수분은 모발에 유연함과 광택, 통풍, 인장도 등에 영향을 미치는 요소로 수분 함량이 10% 미만인 경우는 건조모에 해당한다.

3) 지질

모발의 지질 성분은 대략 1~8% 정도이며, 피지선에서 분비된 피지와 피질세포가 가지고 있는 지질로 구성된다. 피부와 모발의 표면에 피지막을 형성하고 모발에 윤기를 부여한다.

4) 멜라닌 색소

멜라닌은 색소형성세포에 의해 형성되며, 모발이 각화하기 전에 피질세포 안에 들어가 성장 및 색을 구성한다. 모발을 착색시키고 자외선으로부터 피부를 보호하는 역할을 담당한다. 모발 성분 중 약 3% 이하를 차지하고 있다.

5) 미량원소

전체 모발 구성 성분 중 0.6~1%밖에 차지하지 않지만, 모발의 건강을 유지하는 데 필수적인 원소이다. 철, 망간, 구리, 요오드, 아연, 불소, 크롬, 비소 등 약 30여 종이 보고된다. 함유된 미량원소의 종류에 따라 모발의 색이 달라진다. 흑색모에는 구리, 코발트, 철이 많이 함유되어 있고, 백모에는 니켈, 적색모는 철과 몰리브덴, 황색모에는 티탄산염이 많이 함유되어 있다.

5. 모발의 종류

1) 모발의 굵기에 따른 분류

(1) 취모

흔히 '배냇머리'라고 하며, 태아 약 20주경(태생 9~12주경) 모근의 형성과 함께 만들어진 첫 모발로 가늘고 연한 색의 털이다. 출생 약 2개월 전 무렵 빠르게 탈락되고 연모로 대치된다. 또한 취모는 큐티클층이 관찰되지 않는 것이 특징이다.

(2) 연모

피부의 대부분을 덮고 있는 솜털로 굵기가 0.05mm 이하이며, 모수질이 존재하지 않는다. 연갈색을 띠고 있으며, 사춘기 이전의 모발이나 탈모 진행형 모발에서 볼 수 있다.

(3) 경모(성모)

0.15~0.2mm 정도의 굵고 긴 털로 머리카락, 속눈썹, 수염, 겨드랑이털, 음모 등을 형성한다. 멜라닌 색소가 풍부하고, 단백질 결합이 견고하고 단단하다. 약 25~30세 이후 점차 연모화가 이루어진다. 또한 털은 일반적으로 유전적 요인이나 내분비 기관의 영향을 받아 연모에서 경모로 바뀌는데, 같은 부위의 털이라도 바뀌지 않는 경우가 있다. 예를 들면 머리카락은 성별이나 인종에 관계없이 모두 경모로 바뀌지만, 수염이나 가슴의 털은 대부분의 여성에게서 경모로 바뀌지 않고 연모로 남아 있는 것이다.

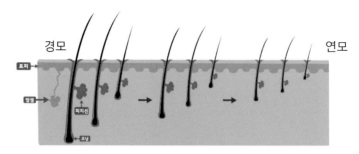

경모   연모

▲ **그림 1.13** 모발의 굵기

2) 모발의 형태에 따른 분류

(1) 직모

모발의 굵기가 굵으며 단면이 원형에 가깝고 모낭의 모양도 곧은 형태의 모발로, 동양인에게 많은 형태의 모발이다.

(2) 파상모

모발의 단면이 타원형에 가깝고 모낭이 피부 표면으로부터 비스듬히 누워있는 형태의 모발로, 백인종에게 많은 형태의 모발이다. 굵기가 가늘고 약간 곱슬머리이며, 직모와 축모의 중간 형태에 속한다.

(3) 축모

모발의 단면이 납작하며 모낭이 피부 표면으로부터 굽어져 있는 형태의 모발로, 흑인종에게서 볼 수 있는 강한 곱슬머리 형태의 모발이다.

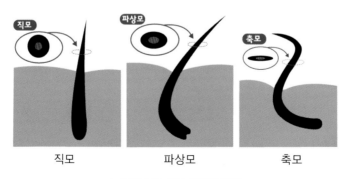

직모   파상모   축모

▲ **그림 1.14** 모발 단면의 형태

▣ 모경지수

- 모발이 곱슬거리는 정도를 나타내는 수치
- 모발의 최소 직경/모발의 최대 직경×100

$$모경지수 = \frac{모발의\ 최소\ 직경}{모발의\ 최대\ 직경} \times 100$$

- 모경지수가 100이면 단면이 원형이다.
- 모경지수가 클수록 직모에 가깝고, 작을수록 축모에 가깝다.
- 인종별 모경지수
  - 흑인 : 50~60
  - 백인 : 62~72
  - 동양인 : 75~85

6. 모발의 기능

모발은 두피의 생리기능을 돕는 피부 부속기관으로서의 역할을 하면서 보호, 감각, 장식, 배출 기능 등을 담당한다.

1) 보호 기능

전신의 털은 외부의 충격이나 직사광선, 추위 등으로부터 피부를 보호하는 역할을 한다. 체모의 생성 부위에 따라 다양한 기능을 담당하는데, 두피의 모발은 외부의 충격으로부터 뇌를 보호하고, 자외선으로부터 두피를 보호하는 기능을 한다.

2) 감각 기능

모발 자체에는 신경이 분포되어 있지 않지만, 모낭 주위에 분포되어 있는 감각신경에 의하여 외부 자극에 인체는 반응한다. 모유두 속에 분포되어 있는 신경이 미세한 자극을 감지하여 감각을 전달하는 역할을 한다. 공포감이나 놀랐을 때 머리카락이 서는 경우가 이에 해당한다.

3) 배출 기능

모발은 적극적으로 수은, 납, 비소 등의 인체에 유해한 중금속을 체외로 배출하는 역할을 한다. 그러므로 모발에 존재하는 무기질과 중금속의 함량은 인체의 건강 상태와 밀접한 관계가 있다.

4) 장식 기능

모발은 외모의 표현에 있어서 가장 많은 비중을 차지하는 부분 중 하나로, 남녀의 특징을 가장 잘 나타내고, 개인의 개성을 나타내는 역할을 한다. 외모를 변화시키는 동시에 아름다움을 표현하는 등 정신적인 안정감이나 자신감에도 영향을 준다.

7. 모발의 특성

1) 일반적인 특성

(1) 모발의 수와 밀도

모발은 인종별로 서양인(약 12만 개), 동양인(약 8~10만 개)의 차이가 있으며, 일반적으로 여성이 남성보다 모발 수가 많다. 보통 사람의 몸에는 약 500만 개의 체모와 약 10만 개의 모발이 분포한다. 하루의 자연적인 탈모 수는 55~100개 정도이며, 이는 정상적인 탈모에 해당한다.

모발 밀도는 인종, 연령, 성별, 영양상태, 기후, 환경 등 여러 가지 요인에 영향을 받는데, 모발 밀도는 한 모공 당 성장하는 모발 수의 차이에 의해서 다르게 나타난다. 일반적으로 서양인의 모발 밀도가 동양인보다 높은 이유도 한 모공 당 모발 수의 차이 때문이다.

구분	한국인 모발	서양인 모발
Cm_2당 평균 모발 개수	약 120모(서양인의 60% 수준)	약 200모(한국인의 약 1.7배)
모낭별 모발 수	1모낭이 약 46%로 매우 많다.	1모낭이 적고 모낭이 2~3개 많다.
모낭의 두께	두껍다.	얇다.
모발의 색깔	검은색	금갈색

(2) 모발의 굵기

인종, 나이, 성별, 신체 부위에 따라 0.05mm~0.15mm로 다양하다. 연모는 0.05~0.07mm, 경모는 0.1~0.15mm, 평균 모발의 굵기는 0.08~0.09mm 정도이다. 출생 후 점차적으로 굵어져서 약 25세 이후에는 점차 가늘어진다.

(3) 모발의 pH

모발의 pH는 약 4.5~5.5의 약산성을 나타낸다. 모발 단백질은 산성에는 강한 저항력과 수축성을 가지고 있어 산성이 증가하면 모표피가 수축, 단단해지면서 닫히게 된다. 반면 알칼리성이 증가하면 구조가 느슨해지고 팽윤·연화되어, 모표피가 열리고 부드러워져 화학 제품들이 모피질에 쉽게 흡수된다. 이 성질 때문에 퍼머넌트제나 염색제가 작용할 수 있다.

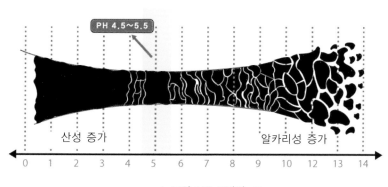

▲ **그림 1.15** 모발의 pH

2) 물리적인 특성

(1) 모발의 고착성

모발은 내·외측모근초, 모구가 모공벽과 밀착되어 있어서 쉽게 빠지지 않는다. 한 가닥의 머리카락을 모근으로부터 뽑아내는 데 필요한 힘은 약 50~80g이다. 만약에 전체 모발 수가 10만 개라면 이를 동시에 뽑는데 5톤의 힘이 필요하게 된다. 그러나 모발의 성장주기에 따라서 성장기에 강하고 퇴행기, 휴지기에는 20g 정도의 힘만으로도 쉽게 빠진다.

(2) 모발의 인장강도

모발을 잡아당겨 끊어질 때까지 견디는 힘으로 모발에 가해진 하중을 말한다. 모발의 굵기, 손상 정도, 영양 상태, 수분함량 정도 등에 따라 차이가 있으며, 모발이 건조한 상태에서의 인장강도는 150g, 젖은 상태에서는 90g 정도이다.

(3) 모발의 신장과 탄성

모발에 일정한 힘을 가했을 때 늘어났다가 끊어짐 없이 제자리로 돌아오는 것을 말하며, 늘어난 비율을 신장(%), 다시 본래의 길이로 돌아가려는 성질이 탄성이다. 신장과 탄성은 모발 내 수분함유량이나 손상도 차이에 따라 다르다. 케라틴 단백질의 구조적인 특징 때문에 생기는 현상으로, 케라틴이 코일 모양의 스프링 구조로 되어 있기 때문이다. 일반적으로 건조한 상태의 모발은 40%, 젖은 상태는 50% 정도 늘어날 수 있다.

▣ 모발 강도

모발의 인장강도(g)와 신장도(%)에 따라 좌우된다. 정상모는 약 150g 이상, 손상모는 약 100g 이하 정도의 강도를 갖는다.

- **시술 중의 모발 인장강도와 신장도의 변화**
  - 젖은 모발의 경우 : 인장강도 60% 저하 / 신장도 30% 증대
  - 약품 시술 중 모발은 대체로 습윤모 → 인장강도 저하, 신장도 증대

---

(4) 모발의 흡습성

모발이 수증기나 수분을 흡수하는 성질로, 주변의 습도에 따라 모발의 수분 함유량이 달라진다. 모표피의 친수성 때문에 생기는 현상으로 염색제와 같은 모발제품이 흡수가 잘 되게 하기 위해 이 같은 성질이 활용된다. 일반적으로 정상모의 경우 15%의 수분을 포함하고 있으며, 샴푸 직후 약 30~40%, 드라이(건조) 후에 10% 전후의 수분을 함유하고 있다.

(5) 모발의 팽윤성

어떤 물체가 액체를 흡수하여 그 본질을 변화하지 않고 부피를 늘리는 현상을 팽윤이라고 한다. 모발을 물에 적셔두면 길이가 1~2%, 두께는 12~15%, 중량은 30~40% 정도 증가한다. 모발의 팽윤은 길이의 변화보다 직경의 변화가 더 크다.

(6) 모발의 대전성

모발의 정전기 현상 즉, 전극성을 말한다. 모발에 빗질을 하면 마찰에 의해 전기가 발생하여 모발은 +로, 빗은 −로 대전해 +전기를 가진 모발은 서로 반발하고, 서로 다른 극성을 가진 모발과 빗은 끌어당기는 현상이다. 모발이 건조할수록 대전성에 의해 모발의 반발이 커지는데, 모발에 적당한 수분이나 화장품을 사용하여 모발의 대전성을 방지할 수 있다.

| 피부의 구조 |

1 표피의 구조와 특징에 대해 쓰시오.

2 진피의 구조와 특징에 대해 쓰시오.

| 두피와 모발의 구조와 특징 |

3 모주기와 그 특징에 대해 쓰시오.

4 모근부의 구조와 특징에 대해 쓰시오.

5 모간부의 구조와 특징에 대해 쓰시오.

6 모발의 물리적 특성에 대해 쓰시오.

02장 두피 · 모발 타입 분류

1절 두피 · 모발 타입 분류

1. 분류의 목적

두피 · 모발 타입을 분류하는 목적은 다음과 같다.

① 두피와 모발의 상태를 정확하게 분석하고 판독할 수 있다.
② 두피와 모발 타입에 맞는 제품을 선택할 수 있으며, 타입에 따른 적절한 관리가 가능하다.
③ 올바른 제품 사용을 안내하여 홈케어 관리를 제안할 수 있다.

고객의 두피 상태를 정확하게 분석하고 판독하여 고객의 두피와 모발 타입에 맞는 제품을 선택하여 관리하고, 올바른 제품 사용을 안내하여 건강한 두피 관리가 이루어지는 것을 목적으로 한다.

2. 분류의 기준

두피의 분류 목적에서 살펴보았듯이, 올바른 두피 관리를 실시하고 그 효과를 높이기 위해서는 두피 타입을 정확하게 파악하는 것이 가장 중요하다. 두피 타입을 정확하게 파악하기 위해서는 두피가 보다 객관적이고 명확한 기준에 의해 분류되어야 한다.

기존의 두피 타입 분류는 주로 진단하는 관리사의 주관적인 판단에 의해 정상, 건성, 지성 등 크게 3가지 타입으로 분류되어왔으며, 이는 두피의 각질 상태, 각질층의 수분함량이나 유분 상태, 두피의 톤 등과 같이 두피의 외형적인 상태만을 분류 근거로 삼았다.

가끔 좀 더 객관적 진단을 위해 pH 측정이나 유·수분량 측정을 위한 측정기기를 사용하기도 하지만, 측정할 때마다 매번 다르게 나오는 수치는 측정기기의 정확도를 의심하기에 충분한 상황이다. 그러므로 정확한 두피 진단을 할 수 있는 기준, 즉 두피 타입을 분류할 수 있는 기준 자체가 모호하고 부정확하다고 볼 수 있다.

따라서 본 장에서는 보다 정확하게 두피를 진단하기 위한 전제로, 두피 타입을 분류하는 새로운 기준을 제시하고자 한다.

두피 타입을 분류하는 기준은 크게 두 가지 측면을 고려하여 설정하였다.

첫째, 광학 현미경을 통해 측정된 단위 면적당 모공수와 모발수에 따른 분석적인 기준에 의해 분류하였다.

둘째, 유·수분의 차이에 따른 외형적인 두피 상태를 기준으로 하여 종합적으로 분류하였다.

분석적인 분류 기준은 최첨단 스마트폰 두피 현미경을 50배율로 적용하여 단위면적당 모공수, 모발수를 근거로 삼았다. 측정 부위는 두정부(양쪽 귀 가장 높은 부위에서 수직으로 이동하여 정수리에서 만나는 지점), 측두부 좌/우(귀 가장 높은 부위의 헤어라인 위쪽 3cm), 후두부(양쪽 귀 가장 높은 부위에서 수평으로 이동하여 뒤통수에서 만나는 지점) 4곳으로 설정하였다.

외형적인 두피 상태에 의한 분류 기준은 두피의 유·수분 차이에 두었다. 유·수분이 부족한지, 적당한지에 따라 크게 분류하고, 그밖에 피지의 양이나 두피톤(두피 색상), 각질 상태, 모공 상태, 예민도, 염증 여부 등에 따라 세분화하였다.

따라서 위의 두 가지 기준을 고려하여 두피를 크게 유·수분 충분 타입과 유·수분 부족 타입으로 분류하였다.

물론 위에서 설정한 기준이 가장 정확하고 과학적이라고 판단할 수는 없으며, 데이터의 부족, 측정의 정확도 등 한계점이 분명히 있다. 그러나 기존의 두피 분석이 분석하는 사람의 주관에 의해 두피 타입이 분류되는 것에 비해서는 모공수나 모발수와 같은 보다 정확한 측정 자료를 보완한 점은 두피 타입 분류에 있어 객관성을 부여한 측면이라고 할 수 있다. 다만 데이터의 오차 범위는 차후 더 많은 자료를 객관적으로 분석하여 수정이 필요한 부분이라 하겠다.

3. 두피 타입 분류

위에서 제시한 분석적 기준과 외형적 기준에 근거하여 다음과 같은 두피 타입으로 분류하였다.

- 유·수분 충분 타입 – 유·수분 중성 두피, 유분 과다 두피, 유분 염증 두피
- 유·수분 부족 타입 – 유·수분 부족 두피, 예민성 두피

1) 유·수분 충분 타입

단위면적당 평균 모공수 13개, 평균 모발수 25개에 해당하고, 외형적으로 유·수분이 충분한 유형을 말한다.

(1) 유·수분 중성 두피(Normal Scalp)

A. 특징

① 두피 표면이 연한 살색이거나 투명한 백색을 띤다.
② 모공이 정확하게 보일 정도로 선명한 모공 라인을 갖는다.
③ 한 모공당 모발수가 대략 2~3개 정도의 비율을 가진다.
④ 모발의 굵기가 일정하다.
⑤ 두피는 각질이나 피지가 없으며 매끄러운 모발을 갖는다.
⑥ 붉음증이나 염증 증상이 없다.

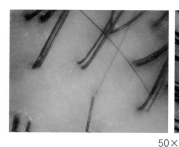

50× 　　　　　　　　　　　　　　　　　　　200×

B. 관리 방법

① 현재 두피 상태를 유지하기 위해 샴푸는 꼼꼼히 한다.
② 정기적으로 두피 스케일링 시술을 받는다.
③ 주 1회 정도 두피 보습팩을 실행한다.
④ 정기적으로 두피를 체크하고 관리받도록 한다.
⑤ 스트레스를 받지 않도록 조심한다.

(2) 유분 과다 두피(Oily Scalp)

A. 특징

① 두피톤은 투명감이 없고 번들거린다.

② 모공 주위의 과다한 피지 분비로 인해 모공 주위가 지저분하다.

③ 피지 분비에 의해 모발이 매끄럽지 않다.

④ 모발의 굵기가 일정하지 않다.

⑤ 염증이나 가려움, 악취가 날 수 있다.

⑥ 지루성 두피로 발전하기 쉽다.

50×   200×

B. 관리 방법

① 샴푸는 밤에 하고, 두피를 완전히 말린 후 잔다.

② 하루 1회 샴푸는 반드시 한다.

③ 클리닉 샴푸와 피지조절 전용 토닉을 사용한다.

④ 주 1회 정도 스케일링을 한다.

⑤ 주 1회 정도 피지조절 허브팩을 사용한다.

(3) 유분 과다 염증성 두피

A. 특징

① 피지선의 기능이 왕성하여 심하게 번들거린다.

② 피지 분비가 많아 염증과 지성 비듬이 자주 발생한다.

③ 두피 표면은 예민 두피와 지성 두피의 특징을 함께 보인다.

④ 염증을 방치하면 탈모를 유발할 수 있다.

B. 관리 방법

① 피지와 각질로 모공이 막히지 않도록 밤에 샴푸하고 완전히 말린다.

② 고온다습한 사우나는 삼간다.

③ 약산성 샴푸제를 사용한다.

④ 펌이나 염색 같은 화학적 시술을 하지 않는다.

⑤ 염증 치료를 위해 스테로이드 제제를 단기간 바른다.

2) 유·수분 부족 타입

단위면적당 평균 모공수 10개~11개, 평균 모발수 21~22개에 해당하고, 외형적으로 유·수분이 부족한 유형을 말한다.

(1) 유·수분 부족 두피(Dry Scalp)

A. 특징

① 각질이 쌓여 있는 탁한 백색의 두피 상태를 보인다

② 두피 표면이 거칠게 보이고, 각질층이 들떠 있다.

③ 건조로 인해 가려운 현상을 동반한다.

④ 외부의 요인에 의해 두피가 손상되기 쉽다.

⑤ 예민성 두피가 되기 쉽다.

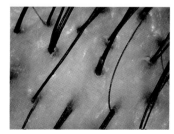
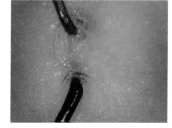

50×　　　　　　　　　　　　　　　　200×

B. 관리 방법

① 잦은 화학적 시술이나 약물을 삼간다.

② 뜨거운 찜질방이나 사우나에 들어가는 것을 삼간다.

③ 전용 샴푸를 사용한다.

④ 샴푸 후 찬바람으로 드라이한다.

⑤ 두피 혈행을 촉진시키기 위해 주 1회 정도 두피마사지를 받는다.

⑥ 일주일에 1회 정도는 두피 허브팩이나 영양팩을 적용한다.

(2) 유·수분 부족 예민성 두피

A. 특징

① 두피 표면은 약간 붉은 톤을 갖는다.

② 두피 표면이 얇으며, 모세혈관 확장증이나 붉음증을 쉽게 확인할 수 있다.

③ 가려움증이나 홍반 등 염증 반응이 나타날 수 있다.

④ 모발의 굵기가 대체적으로 얇으며 일정하지 않다.

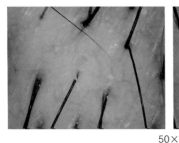 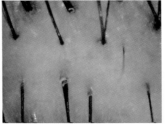 

50×   200×

B. 관리 방법

① 두피에 자극을 주지 않는다.

② 잦은 펌이나 염색을 하지 않는다.

③ 샴푸 시 손톱을 사용하지 않도록 주의한다.

④ 샴푸 후 드라이는 찬바람으로 한다.

⑤ 2주에 한 번 정도는 두피마사지나 두피영양팩을 한다.

⑥ 알칼리 샴푸제의 사용은 삼간다.

1. 탈모(alopecia)

1) 탈모의 정의

탈모는 정상적으로 모발이 있어야 할 부위에 머리카락이 빠져 모발이 없는 상태를 말하며, 일반적으로 두피의 성모가 빠지는 것을 의미한다.

모발의 주기는 성장기에 3~6년 동안 모발이 자라는 시기이며 전체 모발의 85~90%를 차지한다. 이후 퇴행기는 모구가 모유두로부터 분리되면서 모발이 약해지기 시기로 3~4주 지속되다가 휴지기 때는 10% 정도를 차지하는데, 이때는 모낭은 살아 있으나 모발은 빠지고 없는 상태로 3~5개월의 휴지기를 거쳐 다시 성장기로 주기를 만들게 된다.

두피질환에서 말하는 탈모는 생리적으로 발생하는 자연탈모가 아닌 모모세포의 힘이 약해져서 성장기는 짧아지고 퇴행기나 휴지기 기간이 길어져 완전히 성장하지 못한 채 빠져버리는, 성장하는 모발보다 탈락하는 모발이 많은 비정상적인 상태의 이상탈모를 의미한다.

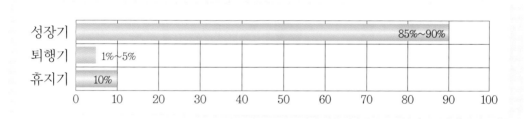

▲ **그림 1.16** 모발의 성장주기 비율

우리나라 사람의 경우 하루에 약 50~70개까지 머리카락이 빠지는 것은 정상적인 현상이다. 따라서 하루 동안 머리카락이 빠지는 수가 100개가 넘으면 성장과 탈락이 비정상적으로 균형이 깨져 있으므로 치료를 받을 필요가 있다.

자연탈모는 모근의 형태가 곤봉 형태이나 이상탈모의 모근은 찌그러져 있거나 변형되어 있다. 또한 탈모성 두피는 한 모공에 한 개의 모발이 존재하는 경우가 많으며, 모발은 가늘고 약한 것이 특징이고 두피 표면은 순환의 장애로 경직되어 있다.

▣ 탈모를 의심해 봐야 하는 증상

① 머리를 감을 때 머리카락이 예전에 비해 많이 빠진다.
② 머리카락 빠지는 양이 점차 늘어난다.
③ 두피가 가렵고 비듬이 많이 생긴다
④ 모발의 굵기가 얇아지고 힘이 없다.
⑤ 두피의 앞 부위나 정수리 부분의 머리카락이 가늘어지고 짧아진다.
⑥ 두피에 화끈거리는 통증이 있다.

2) 탈모의 원인

모발의 성장은 피부주기와 마찬가지로 기저층에서 각질층으로 밀어 올리는 세포 28일주기를 갖는다. 건강한 모발을 갖기 위해선 건강한 두피가 존재해야 한다.

두피는 모발의 근원이 되는 세포가 생성되는 장소로 모모세포는 모유두가 건강해야 모세혈관으로부터 영양 공급을 충분히 받을 수 있다. 이러한 모주기가 자연스럽게 턴오버가 될 수 있을 때 건강한 두피와 건강한 모발을 가질 수 있다. 이런 조건들이 유전이나 스트레스 또는 외부적인 원인에 의해 비정상적인 탈모현상으로 나타나고 있는 것이다.

탈모의 원인은 다양하고, 크게 유전적인 원인과 외부 환경적인 원인으로 구분할 수 있다. 남성형 탈모의 경우에는 유전적 원인과 남성호르몬이 중요한 작용을 하며, 여성형 탈모의 경우는 주로 스트레스와 호르몬 불균형에 의해 발생한다. 이외 내분비질환, 영양결핍, 출산, 약물오용, 수술, 생활습관이나 두피의 불청결, 화학약품 남용 등의 외부환경적인 원인을 들 수 있다.

① 유전

남성과 여성의 탈모 중 유전력이 크게 작용하는 경우는 남성형 탈모에 해당된다. 남성형 탈모는 남성호르몬과 매우 밀접한 관련이 있다. 남성호르몬인 테스토스테론(Testosterone)이 5알파 리덕타아제(5α-reductase)에 의해 디하이드로테스토스테론(DHT; Dihydrotestosterone)으로 변화되면 모발이 자라는 성장기를 단축시키고 모낭의 크기도 감소시켜 모발은 가늘어지고, 색도 옅어지는 결과로 탈모를 유발한다. 특히 남성일 경우 부모 중 한 명이 탈모이면 유전력으로 탈모가 생길 확률이 대단히 높다.

② 스트레스

인체가 스트레스를 받으면 자율신경계의 이상으로 교감신경이 자극을 받는다. 우리 몸의 혈압은 상승하고 심장 박동수는 빨라지고 호흡도 빨라진다. 또한 타액의 분비 기능을 저하시켜 입이 바짝바짝 마르고 소화기관의 운동이 억제되어 소화 흡수율이 떨어지게 된다. 이러한 긴장 상태가 계속되면 영양장애나 영양결핍을 유발하게 되어 두피와 모발에 영양이 도달하지 않으면 탈모로 이어질 수 있다.

③ 약물의 작용

약물에 의한 탈모를 휴지기 탈모라 할 수 있다. 모발이 성장기에서 퇴행기 과정을 거치지 않고 바로 휴지기로 넘어가는 경우 갑자기 탈모로 이어지는 과정을 말한다. 어떤 약물을 복용했는지에 따라 탈모현상이 나타날 수 있다. 비타민 A 유도체(여드름 치료제), 항응고제, 항우울증제, 피임약을 장기간 복용하였거나 항암제의 경우는 모모세포의 세포 분열에 장애를 일으켜 탈모를 일으킬 수 있다.

④ 영양장애

모발은 대부분 케라틴으로 구성되어 있다. 케라틴을 만드는 주원료인 아미노산 자체가 부족하거나 비타민, 미네랄 등의 영양 부족으로 모발의 성장이 이루어지지 않아 탈모가 생길 수 있다. 모발의 생성을 위해 적당한 단백질 섭취는 중요하다. 다이어트나 식이조절에 의해 단백질이 부족하면 우리 몸은 단백질을 비축하기 위해 성장기 모발이 휴지기 상태로 바뀌면서 탈모가 생길 수 있다. 또한 동물성 지방과 같은 음식의 과잉 섭취에 의해 탈모가 오는 경우도 많다. 특히 기름진 음식의 흡수 과정은 신경 독소 반응을 만들어 뇌에 스트레스 환경을 만들게 된다. 이로 인해 탈모뿐만 아니라 비만, 당뇨, 수면장애, 어린이의 성장장애, 소아비만, 소아탈모 등으로 이어질 수 있다.

⑤ 내분비 이상

호르몬의 언밸런스는 모발의 성장기를 방해하고 휴지기를 연장시키는 등 모발의 성장주기와 모발의 형태에 영향을 미쳐 탈모현상이 일어날 수 있다. 뇌하수체의 기능 저하로 탈모 증세가 나타나는데, 모발뿐만 아니라 겨드랑이 털이나 눈썹 등의 수가 적어지는 것이 특징이다. 뇌하수체 전엽에서 분비되는 갑상선 자극 호르몬에 따라 탈모를 일으킬 수 있다. 갑상선의 기능 저하는 머리카락에서 시작하여 체모의 수까지 감소시킬 수 있으며, 부갑상선의 기능 저하는 모발을 건조하게 만들면서 머리숱이 줄어드는 탈모 현상이 나타날 수 있다.

⑥ 두피의 불청결 상태

두피는 피지선의 피지 분비량이 얼굴의 T존 부위의 2배나 될 정도로 많은 피지선을 가지고 있다. 두피를 건조하고 청결하게 유지하지 못할 경우 성장기 모근에 영향을 주어 모발의 휴지기가 빨라지게 되면 탈모 증세가 쉽게 나타날 수 있다. 특히 여름철에 땀과 피지가 과다하게 분비되고 강한 자외선에 의해 세균 번식이 빨라지며, 모근의 산화로 지루성 탈모와 같은 증상이 나타날 수 있다. 두피의 모세혈관은 산소 공급과 노폐물 배출을 교환하는 혈관으로 두피 혈행을 원활하게 할 때 탈모를 예방할 수 있다.

⑦ 퍼머나 염색약 등의 화학약품 작용

퍼머약의 주성분은 암모니아가 대부분이다. 암모니아는 휘발성이 매우 강하며 모발에 손상을 입힐 수 있다. 또한 염색약의 주성분은 과산화산소로 독한 염료가 모모세포의 생산을 방해해 새로운 모발이 자라지 못하게 한다. 잦은 염색이나 퍼머약의 시술은 탈모로 이어질 수 있으며 헤어 시술에 의한 지나친 압력이나 당김 현상, 헤어컷에 의한 손상 및 상처, 화학약품 처리 후 뜨거운 열처리는 모발이나 두피를 상하게 하여 결국엔 탈모로 이어질 수 있다.

3) 탈모의 종류

탈모는 영구적으로 모낭이 파괴되어 재생이 불가능한 반흔성 탈모와 모낭이 파괴되지 않아 일시적인 탈모로 이어진 경우 관리에 의해 재생이 가능한 비반흔성 탈모로 구분된다.

A. 반흔성 탈모

반흔성 탈모란 두피의 종양이나 피부염, 화상, 상처 등의 수술로 인해 모낭이 영구적으로 파괴되어 흉터로 생긴 탈모를 말한다.
머리카락이 없는 흉터 부위는 모근을 이식하여 모발을 만드는 방법 외에는 탈모를 예방할 수 있는 방법이 없다.

B. 비반흔성 탈모

비반흔성 탈모는 일시적으로 탈모현상이 생긴 요인들을 제거하고 두피와 모낭의 꾸준한 관리를 함으로써 모발의 성장주기를 회복시켜 탈모를 예방할 수 있다.

① 남성형 탈모

남성형 탈모는 대부분이 유전에 의한 원인이며 남성호르몬인 테스토스테론이 중요한 인자로 여겨지고 있다.

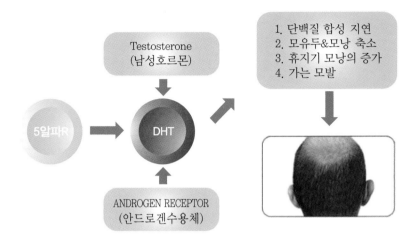

5알파원 효소란?
남성호르몬의 활성도를 2배 이상 증가시키는 효소로서 전립선, 모유두, 피부, 간, 피지선 및 모낭 등에서 분비되는 효소입니다.

▲ **그림 1.17** 남성형 탈모의 메커니즘

▶ **M자형 탈모**

M자형 탈모는 남성형 탈모 중 가장 흔하게 나타나는 탈모의 유형으로 헤어라인의 모발이 M자 형태로 탈락하는 탈모이다.

초기에는 헤어라인을 중심으로 좌우대칭을 이루며 모발이 가늘어지면서 탈모 증세가 생기고, 말기로 갈수록 정수리 부위까지 탈모가 진행되어 위쪽의 모발 전체가 탈락하는 탈모 유형이다.

▶ **O자형 탈모**

정수리 부근의 모발이 O자 형태로 동그랗게 탈락하는 타입의 탈모 유형을 말한다. 정수리 탈모는 정수리 부근의 모발이 가늘어지면서 서서히 탈모가 진행되어 말기에는 후두부의 모발만 남아 대머리의 형태만 가지게 되는 유형이다.

▶ **U자형 탈모**

앞이마 헤어라인이 벗겨지면서 정수리와 만나 전두부의 모발이 U자 형태로 탈락하는 탈모 유형이다. U자형 탈모는 C자형 탈모라고도 한다.

▶ **M+O자형 탈모**

복합형 탈모로 두 부위 이상에서 발생하는 탈모의 형태로 헤어라인과 정수리 모발이 동시에 탈락하는 탈모의 유형이다. 초기에는 헤어라인과 정수리 부근의 모발이 동시에 탈락되지만, 말기에는 두부의 상층부 모발과 정수리 부근 모발이 모두 탈락하는 형태이다.

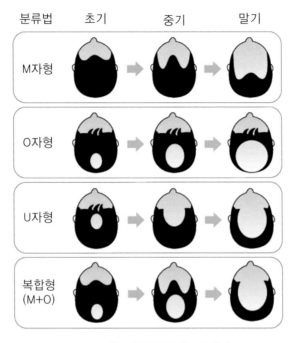

▲ **그림** 1.32 남성형 탈모의 형태

② 여성형 탈모

▲ **그림** 1.33 여성형 탈모의 형태

과거에는 남성들에게만 탈모 증세가 나타난다고 생각했지만, 최근에는 여성들에게도 탈모 증세가 심해지고 있는 추세이다.

여성형 탈모의 원인은 호르몬의 감소나 불균형, 혈액순환장애, 다이어트, 스트레스, 지나친 헤어 화학약품 사용, 임신, 폐경 등을 들 수 있다. 여성의 탈모는 정수리나 두정부에서 탈모가 시작되어 모발이 힘없이 가늘어지고, 두피가 보일 정도로 모발의 밀도가 줄어드는 것을 볼 수 있다.

③ 원형 탈모

정신적인 스트레스나 자율신경계의 이상, 유전적인 요인 등으로 모발이 원형을 이루며 부분적으로 갑자기 빠지는 증상을 말한다. 원형 탈모는 단발성 원형 탈모와 다발성 원형 탈모로 나누어진다. 단발성 원형 탈모는 스트레스나 신경계 이상, 면역계 이상 등으로 피부염, 지루성의 증상을 볼 수 있으며, 대부분의 모발은 6개월 이상 지나기 시작하면서 다시 자랄 수 있다.

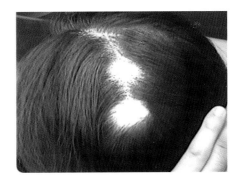

다발성 원형 탈모는 갑자기 올 수 있으며, 여러 부위가 동시에 나타날 수 있다. 심한 경우는 전신 탈모로 이어지는 악성 탈모로 진행될 수 있다.

④ 지루성 탈모

지루성 탈모는 피지선의 비정상적인 과다분비로 인해 두피 내 모공을 막아 두피 영양 공급과 두피 혈행을 저하시켜 나타나는 탈모를 말한다. 주로 20~40세 사이의 청장년층에서 많이 발견되며 남성형 탈모와 여성형 탈모 증세와 함께 나타나는 것이 일반적이다.

두피의 증상은 각질과 피지 노폐물로 인해 가려움증이 생길 수 있으며, 두피가 붉고 염증이 유발될 수 있고 심하면 두피 통증과 악취가 날 수 있다. 그러나 지루성 두피 염증이 치료되면 탈모현상은 자연스럽게 호전될 수 있다.

⑤ 견인성 탈모

견인성 탈모는 결박성 탈모라고도 하며, 같은 부위의 반복적인 머리핀의 착용 등으로 모발을 오랜 기간 잡아 당길 때 모유두가 위축되어 모낭의 혈류장애가 생겨 탈모가 일어날 수 있다.

⑥ 생리적인 탈모

ㄱ. 신생아 탈모

신생아 탈모는 3개월 정도에서 1년 사이에 머리카락이 빠지며, 주로 앞이마 주위에서부터 빠지는 경우가 많다.

ㄴ. 출산 후 탈모

여성이 임신을 하면 태아의 보호를 위해 여성호르몬인 에스트로겐이 왕성하게 분비되는데, 에스트로겐은 탈모 예방에 효과가 좋기 때문에 출산 전에는 머리카락의 숱이 풍성해 보이는 이유일 수 있다. 그러나 출산 후 2~3개월 지나면 머리 숱이 많이 빠지게 된다. 이는 출산을 하고 나면 호르몬의 변화로 인해 모발의 성장 주기 중 퇴화기와 휴지기에 있던 모발이 한꺼번에 빠져 탈모로 보이기 때문이다. 그러나 대부분은 6개월 이내에 회복될 수 있으며, 이때 영양 불균형이나 스트레스는 여성 탈모로 이어질 수 있으니 조심해야 한다.

ㄷ. 노인성 탈모

생리적으로 나이가 들면 얼굴과 같이 두피도 늙어간다. 나이가 들면서 기능이 떨어지고, 모낭에 영양 공급도 부족하게 되어 두피 혈행이 저하되면서 머리카락은 힘이 없어지고 머리숱도 줄어드는 노인성 탈모가 나타나게 된다.

■ 탈모 예방 관리법

❶ 지나치게 헤어 스타일링제와 같은 화학약제의 사용은 삼간다.

❷ 가발이나 모자의 사용은 가급적 피한다

❸ 헤어펌이나 염색은 삼간다.

❹ 피지 분비가 많은 두피는 1일 1회 머리를 감는다.

❺ 모발은 밤에 감고 충분히 말린다.

❻ 두피의 혈행을 위해 적당한 마사지를 한다.

2. 두피 건선

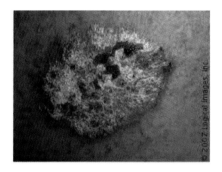

1) 두피 건선의 정의

크기가 다양한 붉은색의 구진이나 경계가 뚜렷한 발진이 몸 전체에 반복적으로 발생하는 만성염증성 피부병으로 은백색의 비늘로 덮여있는 것이 특징이다. 두피 건선은 위와 같은 증상이 두피에 나타나는 것을 의미한다.

2) 두피 건선의 원인

유전적인 요인, 환경적 요인, 약물, 건조, 스트레스 등의 요인에 의해 면역세포인 T세포의 활동이 증가되어 분비된 면역물질이 각질세포를 자극하여 각질세포의 과다 증식과 염증을 일으킨다. 건선은 피부각질세포가 빠르게 분열함으로써 비듬 같은 각질이 겹겹이 쌓여 나타나는 만성피부병으로 정확한 건선의 원인은 아직 밝혀지지 않았다.

건선은 만성피부병의 대표적인 질환으로 주로 20대 전후에 많이 발병한다. 처음에는 가벼운 건선 증상이지만 늦가을이나 겨울에 더 악화되기도 하며, 햇빛을 쪼이면 다시 호전되기도 한다. 대부분의 건선은 만성적인 피부병으로 악화와 호전을 반복할 수 있다.

3) 관리 방법

① 피부가 건조하지 않도록 한다.
② 건선 부위를 문지르거나 자극을 주지 않는다.
③ 가려움증으로 긁지 않도록 한다.
④ 편도선염이나 인후염 등과 같은 염증은 건선을 일으킬 수 있으므로 조심한다.
⑤ 술과 담배를 삼간다.
⑥ 정신적 스트레스와 과로를 피한다.

3. 비듬

1) 정의

비듬은 두피의 노화된 각질이 표피에서 탈락되면서 각질이 눈에 띄게 나타나는 현상을 말한다. 두피에 건성 또는 기름기가 있는 작은 각질 조각이 생기며, 흔히 가려움증을 동반한다.

2) 원인

피부의 상재균 중 말라세지아(Malassezia), 필로바시다움(Filobasidium), 피티로스포룸(Pityrosporum ovale)라는 곰팡이의 과다 증식과 피지선의 과다 분비, 호르몬의 불균형, 두피세포의 과다 증식이 비듬의 원인이 될 수 있다. 또한 간접적으로 환경오염, 변비, 위장장애, 샴푸 후 잔여물 등이 비듬의 원인이 될 수 있으며, 지루성 피부염이나 건선과 같은 두피질환과 함께 나타나기도 한다.

3) 비듬성 두피의 분류

① 지성 비듬성 두피

피지선의 과도한 피지 분비와 비듬균의 이상증식으로 인해 과도하게 각질이 쌓이게 되어 지성 비듬성 두피를 만들 수 있다.

50×

200×

② 건성 비듬성 두피

두피에 피지 분비가 원활하지 않아 두피가 건조해지고 각질이 일어나면서 건성 비듬성 두피가 될 수 있으며, 이때 두피를 긁으면 흰색의 건조한 비듬이 어깨로 떨어지게 된다.

50×

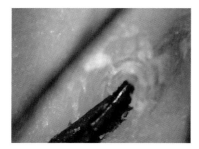

200×

4) 관리 방법

① 두피를 청결하게 한다.
② 머리를 감고 완전하게 말린다.
③ 스타일링 제품 등은 가급적이면 줄인다.
④ 충분한 수면을 취한다.
⑤ 정신적인 스트레스를 받지 않도록 조심한다.
⑥ 균형 잡힌 식사를 한다.
⑦ 지루성 피부염이나 건선이 함께 있을 경우 부분적으로 스테로이드제를 단기간 사용한다.

| 두피의 종류의 관리 목적과 관리 방법을 적으시오. |

1 유·수분 중성 타입

2 유·수분 과다 타입

3 유분염증성 타입

4 유·수분 부족 타입

5 예민성 타입

| 두피 질환의 종류/원인과 관리 방법에 대해 적으시오. |

1 원형 탈모

2 두피 건선

아유르베다식 두피 관리

Part 1에서 살펴본 두피·모발의 생리를 바탕으로 두피의 유형에 따른 관리를 실시하고자 할 때 실제 현장에서 마주하게 되는 가장 큰 고민은 서로 다른 두피 유형을 가진 고객들에게 어떠한 원칙을 가지고 관리를 할 것인가 하는 문제이다.

두피와 모발의 유형이 달라지고 그에 따른 관리 방법이 달라져야 하는 이유를 관리사와 고객이 좀 더 쉽게 이해할 수 있는 방법은 없을까?

그 해답을 현재 세계적으로 큰 관심을 모으고 있는 자연주의와 홀리즘적 관리에 많은 영향을 끼쳤으며, 5,000년 이상 이어져 내려오면서 세계의 전통의학에 영향을 준 인도의 전통의학인 아유르베다의 원리에서 찾아 보고자 한다.

관련 분야 종사자들은 새로운 개념의 아유르베다식 두피·모발 관리 프로그램을 통해 실제 현장에서 좀 더 효과적인 두피·모발 관리 방법을 습득하게 될 것이다.

01장 아유르베다 개론

1. 아유르베다 관리의 장점과 필요성

개개인의 두피·모발 타입은 개인이 가지고 있는 유전적 특징, 먹는 음식, 환경, 생활습관, 스트레스 등 다양한 조건에 따라 모두 다르다. 따라서 두피와 모발의 유형에 영향을 주는 개인의 체질을 진단하고 그에 맞는 관리 방법을 적용하는 효율적인 진단 및 적용 기준이 필요하다.

두피·모발 관리를 위한 다양한 두피 유형 진단 및 테라피의 방법이 많이 소개되어 있으나 본 교재에서 굳이 아유르베다식 관리 방법을 소개하고자 하는 것은, 아유르베다가 5,000년 이상의 임상역사를 가진 인도의 전통의학일 뿐만 아니라 간단한 분석 기준을 통해 실제 두피·모발 관리 현장에서 고객 관리에 적용하기 편리하다는 관리사 측면에서의 장점과 고객 스스로 생활 속에서 두피·모발 관리의 방향을 찾을 수 있다는 고객 측면의 장점에 있어서 의의를 지닌다.

아유르베다 테라피를 이해하기 위해서는 아유르베다에 대한 기본적인 의미와 아유르베다가 만들어진 역사적 배경을 이해하는 것이 중요하다.

2. 아유르베다의 정의

산스크리트어❼로 아유르(ayur)는 삶을, 베다(veda)는 앎 또는 과학을 뜻한다. 즉 '삶의 과학'이라는 의미다. 여기에는 단순히 지식의 기록을 넘어서 인도인들의 우주관과 세계관 철학과 사상의 근본이 담겨있는 것으로 의학, 법률, 의식, 제례, 생활양식 등 매우 광범위한 분야가 포괄되어 있다. 그러나 인간에게 필요한 건강한 삶의 회복과 유지라는 측면에서 아유르베다를 바라본다면 5,000년 이상 전해 내려온 인도의 전통의학으로 이해할 수 있을 것이다.

---

❼산스크리트어 : 인도 아리아어(語) 계통으로 고대 인도의 표준 문장에 쓰인 말

아유르베다는 현대 사회에서 흔히 접하게 되는 근대적 서양의학과는 가치관이나 관점에 큰 차이가 있다. 인간이 건강하지 못한 상태를 질병이라고 보았을 때 서양의학은 질병의 증상에 대한 원인을 규명하고 해결책을 찾음으로써 병을 치료할 수 있다는 관점인 대중주의적인 시각을 갖고 있다.

반면 아유르베다 의학은 질병은 인간이 원래 가지고 있던 구성 요소의 균형이 깨짐으로써 오는 것이고, 이 균형을 회복하는 것이 치료의 목적이며 그 방법으로는 인간을 포함하는 모든 자연으로부터 얻은 여러 물질과 방법을 통해 균형을 회복해야 한다는 시각이다. 이는 질병과 건강에 영향을 주는 한 가지 원인을 밝혀내어 고치는 것이 아니라 관련되는 여러 요인, 즉 몸(Body)과 마음(Mind), 정신(Soul)을 종합적으로 보고 균형을 찾기 위해 노력해야 한다는 '전체주의적' 관점이 바탕이 되고 있다는 점에서 서양의학과 구별된다.

정리하자면 아유르베다식 두피·모발 관리를 함에 있어서 두피나 모발의 유형에 맞는 적절한 방법과 자연적 재료를 이용한 관리를 통해 각 유형이 나름 최상의 균형을 유지할 수 있도록 하는 것이 곧 최선의 관리 목적이다. 또한 문제성 두피나 질환성 두피도 원래 개개인이 가지고 있는 유형의 균형이 깨지면서 발생하는 것이므로 균형을 회복시켜 주는 관리를 통하여 개선될 수 있다고 여겨진다. 실제로 아유르베다식 관리법에 의해 건강한 두피·모발의 상태를 회복시킬 수 있을 것이다.

3. 아유르베다의 역사와 배경

아유르베다는 인도의 정신적 지식에 관한 오래된 기록이며, 문학인 베다에서 찾을 수 있다. 베다는 의료적 지식뿐만 아니라 교육, 의례, 철학, 문학, 생활 등 다양한 분야에 대한 기록이며 북인도에서 5,000년 이상 이어져 왔다.

베다에 흩어져 있는 기록 중 의료에 관한 부분의 자료들을 바탕으로 그 다음 세대의 아유르베다 학자들은 더욱 합리적인 방식으로 아유르베다를 설명하고, 의학적 자료들을 수집하고 실험하였으며 체계적으로 정리하였다. 이렇게 정리된 글들을 삼히타[8](Samhitas)라고 하는데, 삼히타는 후대로 가면서 기본적인 핵심 지식은 유지하면서 내용이 수정되거나 첨가되어 왔다. 여기에는 생명, 식이요법, 행동, 허브, 건강과 질병의 모든 측면들에 관한 풍부한 정보들을 담고 있다.

삼히타들은 기록된 대로 결론을 내리기 전에 방대한 범위의 과학적인 연구와 끈질긴 조사, 그리고 실험을 바탕으로 한 실제적이고 구체적인 임상의 결과라 할 수 있다.

---

[8] 삼히타 : 수집물이라는 뜻의 산스크리트어

이후 아유르베다는 인도에서 시작된 불교와 함께 세계로 전파되면서 동남아와 중국, 한국, 일본의 의학까지 영향을 미쳤다. 뿐만 아니라 인도가 그리스, 로마, 이집트, 페르시아 및 중국에 이르기까지 무역과 교류를 통해 전세계적으로 영향을 끼치면서 세계 각국의 의학적 지식에 영향을 미쳤다.

이슬람 시기를 거쳐 18세기 중반에 시작된 영국의 인도 통치는 아유르베다를 쇠퇴하게 만드는데, 영국은 아유르베다 체계 전체를 시대에 뒤떨어진 미신적인 것으로 여겨 부정적인 태도를 취하였기 때문이다.

그러나 21세기인 오늘날에 이르러서는 건강 또는 미용의 개념을 도입한 새로운 형태의 아유르베딕 테라피가 인도의 호텔들, 특히 남인도 지역의 호텔들을 중심으로 외국인들에게 알려지기 시작하였다. 이러한 아유르베딕 테라피는 의학으로서라기보다는 하나의 생활양식과 건강유지 방식의 형태로서 아유르베다를 세계에 알리고 있다. 그러나 아유르베다의 의학적 깊이를 바탕으로 한 테라피는 전에 비해 세계적으로 확산되고 있으며, 웰빙과 자연주의가 사람들의 마음을 사로잡으면서 매우 매력적으로 어필하고 있다.

▣ 아유르베다식 관리의 장점

① 질병의 치료와 건강유지 방법을 체질에 따라 다르게 하는 1 대 1 맞춤형 건강 서비스의 관점을 가지고 있다.

② 자연 속에서 얻어지는 허브와 식물성 오일 등 천연 재료만을 사용한다.

③ 신체적 문제에 대한 해결을 나타나는 증상에만 집중하지 않고 생활습관, 식습관, 심리상태, 운동 등 생활 전반에 걸친 이해를 통해 얻고자 한다.

1 아유르베다의 어원적 정의와 건강한 삶의 유지를 위한 시각으로 바라본 아유르베다의 정의를 쓰시오.

2 아유르베다가 의학적으로 영향을 미친 동양의 나라들에 대하여 쓰시오.

3 아유르베다식 관리의 장점에 대하여 쓰시오.

02장 아유르베다 체질론

체질은 '날 때부터 지니고 있는 몸의 생리적 성질이나 건강상의 특징'을 말하는 것으로, 이 세상에 성격이 꼭 같은 사람이 없듯이 개개인의 체질 역시 다양하다.

이러한 체질의 차이를 만들어내는 것은 무엇일까?

아유르베다의 원리에 따르면 인간은 우주의 일부이고, 우주 안의 모든 것과 마찬가지의 원리에 의해 만들어졌다. 따라서 인체를 구성하고 움직이는 기본 요소들은 우주와 자연을 구성하고 있는 다섯 개의 큰 요소들과 일치하며, 그 요소들의 구성과 비율에 따라 각각의 사람마다 체질이 결정된다고 본다.

따라서 아유르베다식 체질론을 이해하기 위해서는 아유르베다에서 제시하는 '우주와 인간을 구성하는 기본 요소'이자 '체질을 구성하는 기본 요소'인 판차마하부다(Pancha Maha Bhuta)의 속성을 이해하는 것이 필요하다.

1. 체질을 구성하는 요소들

1) 판차마하부다(Pancha Maha Bhuta) - 5원소론

판차마하부다(Pancha maha bhuta)는 5개의 커다란 원소라는 뜻인데, 이는 우주를 형성하는 다섯 가지 원소를 의미한다. 다섯 원소는 아카사(Akasa - sky), 바유(Vayu - air), 아그니(Agni -fire), 잘라(Jala- water), 프리트비(Prithvi - earth)이며 그 특징을 요약하면 다음과 같다.

판차마하부다(Pancha maha bhuta)	
아카사(Akasa) : 에테르, 공간	매우 확장적이고 밀집되어 있지 못한 무(無)의 광활한 팽창으로 다른 모든 원소의 모체 역할을 하는 존재
바유(Vayu) : 공기	• 가볍고, 차갑고, 투명한 속성을 지님 • 아카사보다 실체적이며, 이동성이 있는 요소
아그니(Agni) : 불	• 뜨겁고, 가벼우며, 침투력이 있고 빛나는 속성을 지님 • 모든 물질이 수행하는 변화를 일으킴 • 체내의 음식을 변환하여 다양한 형태로 흡수되도록 하는 실체적인 역할을 함

잘라(Jala) : 물	• 모든 형태의 생명체에 가장 필요한 요소 • 생명을 유지하는 데 필요함 • 점성을 지니고 있으며, 차갑고 수분이 있어 잘 스며드는 속성을 지님
프리트비(Prithvi) : 흙	밀도가 높고 불투명한 성질을 지니고 있으며, 잘라보다 더욱 차가운 속성을 지님

아유르베다에서는 위에 설명한 다섯 가지 원소의 결합에 의해 우주와 지구상의 모든 물질들이 만들어진다고 설명한다.

예를 들어, 인간의 몸에 있는 입, 코, 소화기관, 순환기관, 배, 가슴, 모세혈관, 림프관, 조직, 세포 등에 있는 모든 공간은 아카사(Akasa) 원소에 해당된다. 또한 근육의 움직임, 심장의 박동, 허파의 팽창과 수축, 위벽과 소화기관의 운동 등은 운동성을 지닌 바유(Vayu) 원소에 해당되며, 물질대사와 효소의 기능을 통제하는 것은 아그니(Agni) 원소, 소화액과 침의 분비, 점막과 세포질 등은 잘라(Jala), 뼈와 연골, 손톱, 근육, 힘줄, 피부, 머리카락 등은 프리트비(Prithvi) 원소에 해당된다는 것이다.

개인의 신체는 앞에서 나열한 원소들의 결합으로 이루어지는데, 이 원소들의 비율과 구성의 차이에 의해 신체 특성이 달라지므로 체질의 차이가 나타난다고 보는 것이다.

2) 트리 도샤(Tri Dosha) – 체질을 구성하는 세 가지의 기본 성질

도샤(dosha)는 개인의 육체적, 정신적 작용을 만들어 내는 근본 속성이다.

도샤는 판차마하부다(Pancha Maha Bhuta)의 결합으로 이루어지며 크게 와타(Vata), 피타(Pitta), 카파(Kapha)의 세 가지로 구분된다.

아유르베다에서는 도샤의 구성에 따라 개인의 특성이 정해지게 된다고 보고 있으며, 임신되었을 때 이미 도샤의 구성이 결정되며, 여기에는 개인의 업(Karma)과 유전자가 영향을 준다고 설명한다.

'와타, 피타, 카파'라고 하는 독특한 이름의 도샤(dosha)들은 육체 조직의 생성, 유지, 소멸 및 배출 등 다양한 생리적 기능을 담당하고, 공포와 분노, 탐욕 등 본능적 요인과 사랑, 연민, 이해 등 고차원의 정신적인 기능까지 관여하는 물질이며, 기능을 말한다.

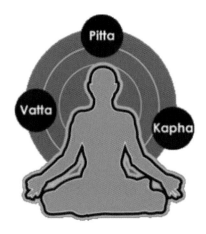

(1) 도샤의 구분 및 특성

`와타`

와타는 운동기능과 감각기능, 신경계 등과 연계되어 있는 삶의 원동력이라 할 수 있다. 공간 운동력(움직이는 힘)을 지니고 있으며 프라나(Prana), 기(氣), 바람(風) 등과 유사한 개념으로 이해되기도 한다.

주원소는 아카사(Akasa)와 바유(Vayu)이고 성질은 건조하고, 가볍고, 차갑고, 거칠고, 매우 활동적이다. 신체에서 와타가 관할하는 기관은 대장, 방광, 골반, 다리, 뼈 등이다.

인체에 질병이 생기는 것은 개인이 가지고 있는 세 가지 도샤의 균형이 깨어지면서 나타나는 것인데, 보통은 구성 도샤 중 우세한 비율에 있는 도샤가 과도해짐으로써 균형이 깨어지고 질병이 나타나기 쉽다고 본다.

와타의 균형이 깨어졌을 때 나타날 수 있는 질환은 다음과 같다.

• 호흡계 : 호흡장애, 목쉼
• 신경계 : 눈, 귀, 코, 인후 등의 기능부전, 간질 및 정신병 등과 같은 정신질환, 불면증
• 근골격계 : 관절염 등 각종 통증

- 피부계 : 두드러기와 같은 알러지성 피부질환, 피부건조증
- 면역계 : 기후 변화에 따른 바이러스성 열병
- 순환계 : 혈액의 철분 부족으로 인한 빈혈, 고혈압, 동맥경화, 중풍
- 소화계 : 스트레스성 소화불량, 급체

피타

피타 속성의 예를 들자면 위장의 중간 부분에서 보이는 유색의 분비물 형태로 표현될 수 있으며, 소화 기능을 담당하는 담즙 형태의 물질이라고 할 수 있다.

주원소는 아그니(Agni)와 잘라(Jala)이고 성질은 기름지고, 날카롭고, 뜨겁고, 가볍고, 지적이고, 모험적이고, 소화가 왕성한 특징이 있다. 신체에서 피타가 관할하는 위치는 Nabhi(배꼽)이다.

피타의 균형이 깨져서 일어날 수 있는 질병은 다음과 같다.
- 소화계 : 위와 소장의 질병
- 면역계 : 독소에 의한 열병, 독소와 박테리아 및 바이러스 등에 의한 각종 전염병
- 피부계 : 고름이 생겨나는 피부병증, 지루성 피부염, 여드름, 지루성에 의한 탈모, 백모
- 순환계 : 황달, 혈액 관련 질병, 고혈압, 출혈
- 호흡계 : 인두염 등 염증성 질환

카파

카파는 대부분의 신체 분비액이 생겨나는 라사 다투(Rasa dhatu)[9]의 점액질 형태로 있다.

주원소는 잘라(Jala)와 프리트비(Prithvi)로 되어 있으며 형태 및 성질은 희고 투명하며, 약간 달콤한 염분을 지니고 있고, 끈적거리며 조밀하다. 또한 차갑고, 무겁고, 둔하고, 끈적거리고, 젖어 있고, 매끄럽고, 조직이 안정되어 있으며, 무거우며 느리게 활동한다.

카파의 균형이 깨져서 일어날 수 있는 질환은 다음과 같다
• 소화계 : 입맛의 상실, 소화불량, 식욕부진, 다식증, 비만
• 피부계 : 부종, 두피의 과다한 기름(oily)
• 순환계 : 심장질환, 신부전 및 신장염, 복막염, 수막염, 뇌질환, 나른함, 혈액순환정체,
　　　　　셀룰라이트
• 호흡계 : 가래, 수종, 일반적인 감기, 폐와 호흡기 관련 전염병

아유르베다에서는 어떠한 존재라도 세 가지 도샤의 속성에 영향을 받으며, 이 세 가지 속성이 사람마다 다르게 균형을 이루고 태어난다고 보고 있고, 그것이 바로 개인의 체질이라고 해석하고 있다.

사람마다 같은 질병에 대해서도 다른 증상을 보이고, 다른 저항성을 가지는 이유도 다 여기서 비롯된다고 보는 것이다.

실제 두피·모발 관리 현장에서 같은 관리를 받고도 그 결과가 고객마다 판이하게 다른 이유를 고객의 신체 생리적 상태의 차이에서 찾을 수 있다면 그 차이를 보다 쉽게 분류하여 적용할 수 있는 기준이 필요하고, 이러한 점에서 아유르베다식 체질 진단법은 현장에서 적용 가능한 두피 관리 테크닉의 유용한 방법이다.

---

[9] 라사 다투 : 아유르베다에서 이야기하는 신체 조직 중 혈액을 제외한 림프, 혈장 등 체액성 물질을 의미함

2. 아유르베다 체질 진단

아유르베다식 체질 진단법은 현장에서 실제적으로 적용하기에 매우 유용하면서 신뢰도가 높은 방법이다. 문진과 견진의 방법을 조합한 설문표를 이용하면 비교적 정확한 체질 진단을 할 수 있다.

1) 트리도샤 설문표

다음 세 가지 평가사항의 결과를 체크해서 결과를 해석함으로써 고객의 체질을 파악할 수 있다. 트리도샤 설문표를 이용하는 방법은 다음과 같다.

- 세 가지 질문 중 자신에게 해당된다고 생각되는 문항에 체크한다.
- 해당되는 답이 1개 이상이면 중복 체크해도 관계없다.
- 가장 많은 속성과 두 번째로 많은 속성의 조합이 본인의 체질이 된다.

신체적 진단			
Vata	Pitta	Kapha	
• 키가 크거나 작다. • 근육이 선명하지 않고 비교적 마른 편이다.	근육이 발달한 중간 정도의 체격이다.	체격이 크고 근육이 잘 발달하였고, 둥글고 잘 생긴 편이다.	
체중을 늘리는 것이 쉽지 않다.	체중이 쉽게 줄고, 쉽게 느는 편이다.	체중을 줄이는 것이 쉽지 않다.	
피부가 차고 거칠며, 피부톤이 어둡고, 잘 갈라지고, 건조하다.	피부가 따뜻하고, 핑크빛이며, 기미, 주근깨, 점 등이 많은 편이며, 지성이다.	피부가 차고 부드러우며 수분이 많은 편이며, 지성이다.	
모발이 곱슬이고 건조하며, 거친 갈색이다.	모발이 가볍고 컬이 없으며, 부드럽다. 조기 백색모나 탈모가 있다.	모발은 두껍고 풍성하며, 윤기 있다.	
어깨가 작고 평평하다.	어깨가 중간 크기이다.	어깨가 넓고 견고하다.	
손톱과 발톱이 건조하고 거칠다.	손톱과 발톱이 부드럽고 핑크빛이다.	손톱과 발톱이 두껍고, 부드럽고 흰색이며, 단단하다.	
소변량이 적고, 배뇨장애 증후를 나타낸다.	소변량이 풍부하고, 노랗거나 붉은색을 나타내고, 뜨거운 소변을 보거나 통증성 배뇨 곤란을 겪는다.	소변색이 희거나 우유빛이며, 소변량이 많다.	
대변이 딱딱하고, 배변통이 있고, 가스가 차고, 복통과 변비가 있다.	배변은 용이하지만, 뜨거운 느낌이 있다.	단단하고, 점액질성의 점토색깔 변을 본다.	
땀과 체취는 특이사항이 없다.	유쾌하지 못한 냄새의 땀을 흘린다.	부드러운 냄새의 땀을 흘린다.	

신체적 진단		
Vata	Pitta	Kapha
신경 질환이나 뼈와 관절에 통증이 쉽게 나타난다.	위궤양 등 염증성 질환에 잘 걸린다.	호흡계 질환, 부종이나 빈혈 등 점액성 물질 과다로 인한 질환에 잘 걸린다.
면역계가 약하다.	면역계는 보통이다.	면역계가 강하다.
약에 대한 반응은 빠르나 복합적 처방이 필요하다.	약에 대한 반응은 보통이다.	약에 대한 반응이 느리므로 많은 양을 투여한다.
수면을 많이 취하지도 않고 옅은 잠을 자며, 불면증에 자주 시달린다.	수면 시간이 적당하고 잘 깨며, 쉽게 잠든다.	잠자기를 좋아하고 깊게 자며, 잘 깨지 못한다.
말을 많이 하는 편이며, 목소리가 거칠고 허스키하다.	말을 할 때 단정적이며, 날카롭고, 강한 목소리를 갖고 있다.	말을 천천히 하지만 즐기는 편이고, 목소리가 밝은 톤으로 울린다.
식욕이 불규칙적이다.	식욕이 좋은 편이며, 규칙적으로 식사한다.	식욕이 좋고 천천히 먹으며, 음식을 즐긴다.
추위, 바람, 건조한 날씨 등에 예민하다.	더위, 열, 햇볕 등에 예민하다.	습기, 추위, 바람 등에 예민하다.

행동 경향 진단		
Vata	Pitta	Kapha
따뜻한 날씨를 좋아한다.	서늘한 날씨를 좋아한다.	모든 계절을 좋아하지만, 따뜻한 날씨를 더 선호한다.
에너지가 일관적이지 못하고 통상 폭발하는 편이다.	에너지는 중간 정도이다.	에너지는 꾸준하다.
미술, 음악, 무용, 여행 등을 즐긴다.	스포츠, 정치, 시합 등을 즐긴다.	비즈니스, 수상스포츠, 꽃, 화장품 등을 즐긴다.
육체적 스태미나가 자주 부족하게 느껴진다.	평균적인 스태미나를 갖고 있다.	스태미나가 좋다.

정서적 진단		
Vata	Pitta	Kapha
새로운 것을 빨리 배우고 빨리 잊어버린다.	기억을 빨리 하고 비교적 오래 기억하는 편이다.	새로운 것을 배우는 것은 느리지만, 한 번 배운 것은 좀처럼 잊지 않는다.
신경질적이고 근심이 많으며, 두려움을 느낀다.	쉽게 화를 내고 흥분하며, 참을성이 없는 편이다.	조용하고 꾸준하며, 충성심이 높고, 소유욕이 강하다.

정서적 진단					
Vata		Pitta		Kapha	
감정에 굴곡이 심하고 예측 불허성이다.		목표와 과업 지향적이다.		조심성이 있고 동정심이 많은 편이다.	
창조적이고 상상력이 풍부하며, 자신을 창조적으로 표현하기를 좋아한다.		능률적이고 조직적이며, 완벽주의 경향이 있다.		생각과 아이디어는 차분하며 잘 계획되어 있다.	
사고가 몽상적이며, 결과를 만들지 못한다.		생각과 아이디어가 논리적이고 잘 계획되어 있다.		철저하고 과업을 잘 수행한다.	
불규칙한 생활 습관을 갖고 있다.		분주한 생활 습관을 갖고 있다.		생활을 즐기고 천천히 나아가는 편이다.	

체질의 해석은 보통 세 가지 도샤 중 가장 우세한 한 가지만을 보는 것보다 가장 많은 것과 그 다음으로 많은 두 가지 도샤를 가지고 이해하는 것이 정확하다. 경우에 따라 세 가지 도샤 중 한 가지 도샤의 특징이 절대적으로 우세하게 나타나는 싱글 타입 체질도 있으나 거의 대부분 두 가지 도샤의 결합에 의한 듀얼 체질이 일반적이다.

3. 아유르베다 체질별 두피 타입 분류

아유르베다식 관점으로 인체를 해석할 때 피부는 움직이는 대지(大地)이며, 모발은 그 위에서 자라나는 풀로 비유되고 있다. 따라서 대지 위에서 자라는 풀이 잘 성장하기 위해서는 적절한 바람과 영양분과 수분이 있어야 하는데, 이것이 부적절하면 풀이 잘 자랄 수 없다.

아유르베다식으로 설명하면, 이러한 자연의 이치를 생각하면 탈모를 비롯한 두피 문제가 일어나는 이유도 이해할 수 있다는 것이다. 만약 피부 또는 모발이 바람에 노출되면 와타 도샤(Vata dosha)가 과도해지므로 결국 모발이 건조하게 되며, 뼈를 이루는 아스티 다투[10] (Asthi dhatu)와 땀이 부족하게 되면 모발의 재료가 부족해지는 것이므로 탈모가 발생하게 되는 것이다.

모발이 만들어지는 성분에 대해 조금 더 세부적으로 설명을 하면 모발의 오일 성분은 카파 도샤(Kapha dosha)로부터 생겨나고, 모발의 부드러움은 피타 도샤(Pitta dosha)에 의해 만들어지며, 검은 색상은 와타 도샤(Vata dosha)에 의해 형성된다. 또한 모발의 영양은 전적으로 인체의 체액을 구성하는 라사 다투(Rasa dhatu)에[9] 의해 이루어지는데, 라사 다투가 교란되면 탈모와 백색모가 발생한다는 것이다.

---

[9] 라사 다투 : 아유르베다에서 이야기하는 신체 조직 중 혈구성 혈액을 제외한 림프, 조직액, 혈장 등 체액성 물질을 의미함
[10] 아스티 다투(Asthi dhatu, 뼈) : 치아, 손톱, 발톱, 머리카락을 유지시킴

결국 아름답고 건강한 두피와 모발은 세 가지 도샤가 적절한 균형을 이루고 있을 때 나타나는 것이며, 세 가지 도샤의 균형이 깨어지면 두피와 모발에 문제가 생긴다는 것이다.

이러한 아유르베다의 생리관은 건강한 두피와 모발을 유지, 관리할 수 있는 방법과 문제가 발생한 두피와 모발에 대한 처치법을 잘 제시하고 있으며, 5,000년의 세월 동안 사람을 상대로 적용한 결과를 바탕으로 한 과학적 결과물이다.

아유르베다(Ayurveda)는 체질을 이루는 핵심 요소인 도샤(Dosha)의 형성과 변화를 중심으로 모발과 두피 타입을 분류하고, 그에 따른 관리 방법을 체계적으로 다루고 있다. 체질은 신체적 특징, 성격, 행동 유형, 기질 등을 포함하는 종합적 개념이며, 이를 통해 피부와 모발의 유형을 분류할 수 있다. 즉 공간(Akasa)과 바람(Vayu)을 주원소로 구성된 와타 도샤(Vata dosha)와 불(Agni)과 물(Jala)을 주원소로 구성된 피타 도샤(Pitta dosha), 물(Jala)과 흙(Prithvi)으로 구성된 카파 도샤(Kapha dosha)에 의해 다음과 같은 두피 · 모발의 특징을 나타내게 된다.

1) 체질에 따른 두피 · 모발의 특징

① 와타 체질의 두피 · 모발

- 건조하고 가는 모발을 가지고 있다.
- 모발이 부스러지기 쉽고 검은색을 띤다.
- 조직이 거칠고 규칙적이지 못하다
- 곱슬거리고 잘 엉킨다.
- 둔탁하고 광채가 없다

▣ 유 · 수분 부족 두피와 예민성 두피가 와타 체질인 경우가 많다.

② 피타 체질의 두피 · 모발

- 비듬이 생기기 쉽다.
- 모발이 잘 끊어진다.
- 직모이다.
- 밝은 갈색톤을 띤다.
- 지성으로 약간 윤기가 있다.
- 조기 백색모가 있다.
- 탈모가 발생할 확률이 높다.

■ 두피 타입 중 유·수분 중성 두피와 염증성 두피가 피타 체질에 해당된다. 또한 탈모 및 비듬도 피타 체질에서 발생하기 쉬운 두피 질환이다.

③ 카파 체질의 두피·모발

- 모발이 두껍다.
- 두피가 단단하다.
- 기름기가 있다.
- 약간 곱슬거린다.
- 어두운 갈색이나 초콜릿 색의 검정색을 띤다.

■ 두피 타입 중 유·수분 과다 두피가 카파 체질에 해당된다.

2) 체질별 두피 관리 방법

① 와타 체질

공기, 바람 등의 외부 환경에 의해 두피와 모발이 건조한 체질이다. 그러므로 따뜻한 참깨 오일이나 진정용 오일로 가볍게 헤드 마사지를 하고 캡을 씌워 두피와 모발을 보호해주는 것이 필요하다.

② 피타 체질

햇빛이나 열에 의해 조기 백색모나 탈모가 생길 수 있는 체질이다. 주로 우유, 설탕 등 단맛, 쓴맛, 떫은맛 등의 음식을 섭취하는 것이 좋으며 쿨링 효과가 있는 오일로 두피 마사지를 권장한다. 또한 명상이나 목욕을 함께 하는 것을 권하며 흡연, 분노, 열, 음주, 불규칙한 식사는 삼가야 한다.

③ 카파 체질

기름기가 있는 음식을 지나치게 섭취하거나 운동 부족이 원인이 되어 모근에 영양 공급이 안 되는 체질이다. 단맛과 기름진 음식은 삼가고 매운맛, 쓴맛, 떫은맛의 음식을 섭취한다.

02장 과제탐구

1 판차마하부타(Pancha maha bhuta)의 특성에 대하여 서술하시오.

2 세 가지 도샤를 이루는 원소와 그 특성에 대하여 서술하시오.

3 와타 체질의 두피·모발의 특성에 대하여 서술하시오.

4 피타 체질의 두피·모발의 특성에 대하여 서술하시오.

5 카파 체질의 두피·모발의 특성에 대하여 서술하시오.

두피 관리를 위한 아유르베다 허브 및 오일

아유르베다 두피 관리법에서는 자연에서 만들어진 천연 허브와 식물성 오일을 재료로 사용한다. 인간도 자연의 일부이기 때문에 체질을 구성하는 도샤의 성질을 파악하여 도샤의 불균형으로 생긴 문제들을 보완 또는 상쇄하여 원래의 건강한 도샤 밸런스의 상태로 돌아가게 하는 데는 인공이나 합성 물질이 아닌 자연 속의 원료를 사용하는 것이 가장 이상적이라고 여기기 때문이다.

1. 허브

허브(Herb)는 식물 중에서 '향신료, 음식, 의약품, 향수 등 인간에게 유용한 목적으로 사용될 수 있는 모든 식물' 들을 가리키는 말이다.

이를 한국식 용어로 바꾸어 부르면 약초, 산야초, 나물 등이 허브의 개념에 포함된다고 할 수 있다.

약용 허브의 경우에는 치료 목적에 따라 잎, 뿌리, 꽃, 열매, 씨앗, 수지, 뿌리 껍질 등 식물의 다양한 부위들이 사용된다.

① 약용 허브(Medicinal herbs)

약용 허브는 대부분 생리 활성이 가능한 화학 성분을 가지고 있는 식물로 인체에 흡수되었을 때 약리작용이 가능한 것들이다.

아유르베다에서 치료 또는 관리를 위해 사용하는 허브들은 모두 이러한 약리적 효과를 가지고 있으며, 증상 및 목적에 따라 적절히 선택하여 사용하면 상태를 개선할 수 있는 과학적 근거를 가지고 있다.

| 알로에 베라(Aloe vera, Aloe Barbadessis) |

  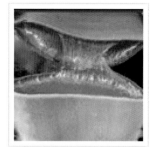

어떤 허브보다도 비타민, 미네랄 등 인체의 생화학적 성분과 가장 유사한 성분을 보유하고 있으며, 이러한 이유로 탈모방지제, 모발성장제, 비듬방지제, 컨디셔너 등으로 사용된다.

| 자스완드(Jaswand, Hibiscus rosa sinensis) |

히비스커스라는 이름으로 더 잘 알려져 있으며, 차로도 많이 애용된다. 모발 성장을 촉진하고 흰 머리카락이 생기는 것을 예방하며, 탈모와 두피 질환을 막아주는 데 사용된다. 천연 연화제로서 헤어컨디셔너의 역할을 수행하는 이 허브는 머릿결을 부드럽게 하는 데에도 유용하다.

암라(Amla, Phyllanthus emblica)

헤어토닉과 탈모방지제로 사용되며, 모발 성장을 촉진하고 천연 염색제로서의 역할을 한다.
모근을 강화하고 모발의 색을 아름답게 하며 두피와 모발에 영양을 공급해준다.

브라미(Brahmi, Centella asiatica)

우리나라에서는 병풀이라고 부르며, 브라미 추출물은 피부 연고의 상처 치료제로 사용되는
데 피부 내 순환을 증진하고 섬유아세포에서 유래하는 콜라겐의 형성에 관여하는 것으로 알
려져 있다. 항산화 효과가 뛰어나 두피의 탄력 토닝 효과를 줄 수 있다. 두피·모발 관리 측
면에서는 기본적으로 모근에 영양 공급을 원활히 하고 모발 성장을 촉진함으로써 육모 및
탈모 예방의 목적으로 사용할 수 있다.

| 시카카이(Shikaikai, Acacia Concinna) |

'모발을 위한 과일'이라는 뜻을 지닌 이 허브는 인도에서 수 세기 동안 천연 샴푸로 사용되어 왔다. 천연의 낮은 pH를 지닌 시카카이는 매우 마일드하여 큐티클의 피지를 보호함으로써 아름다운 모발을 유지할 수 있게 한다. 모근 강화와 모발 성장 촉진 및 비듬 제거를 위해 사용된다.

| 브링라지(Bhringraj, Eclipta alba) |

'모발에 화려한 아름다움을 제공한다'는 의미를 가지고 있는 브링라지는 모발의 성장을 촉진하고, 검은 모발을 더욱 검고 아름답게 하는 특징 때문에 다양한 별칭을 가지고 있다. 예를 들어 케사라자(Kesaraja – 모발의 왕), 마르카바(Markava – 흰머리를 막아주는 것), 케사란자나(Kesaranjana – 모발에 은은한 아름다움을 주는 것) 등이다. 모근을 강화하고 새치가 형성되는 것을 막아준다.

헤나(Henna, Lawsonia inermis)

헤나는 모발의 건강한 성장을 돕고 탈모를 막아주며, 건강한 모발과 함께 비듬이 발생하는 것을 막아주는 역할을 한다. 헤나는 청동기시대부터 피부, 바디, 모발, 손톱 등을 염색하는 데에 사용되었으며, 세계의 일부 지역에서는 전통적으로 축제를 할 때 사용되기도 한다. 인도에서는 4,000년간 머리를 염색하는 데에 사용되었다는 기록이 있다.

자타만시(Jatamansi, nardostachys Jatamansi)

모발 성장을 촉진하고 모발을 건강하게 하는 데 도움을 주는 자타만시 허브는 오일이나 페이스트 형태로 사용되어 헤어토닉용으로 헤어 제품 및 팩으로 주로 사용된다.

| 카푸르카츨리(Kapurkachili, HedychiumSpicatum) |

작고 단단한 생강처럼 생긴 이 식물은 1~1.5m 크기로 자라며, 줄기에 잎이 많이 달려있고 향기로운 꽃이 오렌지-레드를 바탕으로 하는 흰색으로 빽빽하게 피어나며, 해발 1,800~2,800m의 지역에서 재배된다. 좋은 향이 나고 아유르베다에서 말하는 체질의 근본 요소인 도샤의 균형을 유지하는 데 도움을 준다. 또한 모근을 자극하여 모발 성장을 촉진하고, 모발 조직을 유지하도록 도와준다.

2. 오일

아유르베다식 두피 관리에서 이용하는 오일은 자연에서 생산된 식물에서 추출한 식물성 오일(캐리어 오일(carrier oil), 베이스 오일(base oil))과 식물 속의 생리 활성성분이라고 할 수 있는 에센셜 오일(essential oil, 아로마 오일(aroma oil))을 사용한다.
보통 에센셜 오일은 식물 속에서 추출되면서 고농도로 농축된 상태이므로 식물성 오일에 희석하여 사용한다.

1) 에센셜 오일

아유르베딕 아로마테라피에서 이용하는 주요한 식물 활성성분은 에센셜 오일이다.
에센셜 오일이란 식물의 꽃, 줄기, 열매, 뿌리 등에서 추출한 휘발성이 있는 정유(精油)이다.
에센셜 오일 분자의 특징은 다음과 같으며, 피부와 호흡기를 통해 흡수된 오일 분자는 혈액 순환을 통해 전신을 순환하다 친화력을 가진 장기를 찾아 생리 기능을 활성화시킬 수 있다.

에센셜 오일의 특징

- 작고 단순한 분자 구조로 이루어져 있으므로 피부 침투가 용이하다.
- 지용성 성분이므로 피부 장벽 기능을 뚫고 진피층 내에 도달하여 혈관으로 흡수가 가능하다.
- 세포막을 투과할 수 있으며, 수백 개에서 천 개에 이르는 많은 화학 성분의 복합체가 인체 내에서 다양한 약리작용을 일으킨다.
- 코의 후각 수용체에 결합한 에센셜 오일은 전기 신호로 바뀌어 뇌의 시상하부 및 변연계에 자극을 주며, 이에 따라 변연계가 담당하는 감정, 본능, 자율신경, 호르몬 분비에 영향을 줄 수 있다.
- 기억을 담당하는 해마와도 연결되어 있으므로 추억과 관련된 시너지 효과를 얻을 수 있으며, 마음의 질병과 관련된 홀리스틱 테라피가 가능하다.

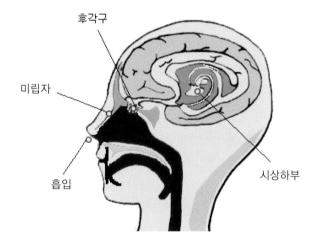

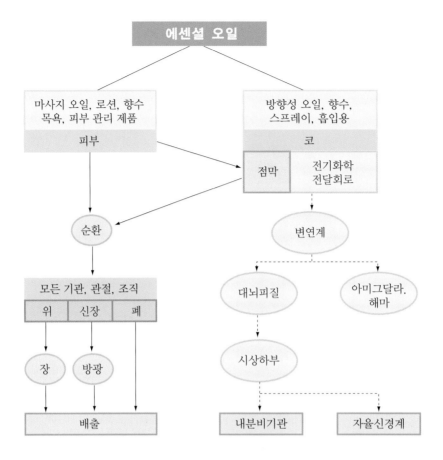

2) 두피 관리를 위한 아유르베딕 에센셜 오일

아유르베다에서 활용되는 에센셜 오일은 도샤의 특성을 상승시키거나 감소시켜서 도샤의 균형을 회복하기 위한 목적으로 사용한다. 좀 더 자세히 설명하자면 아유르베다에서는 개인이 본래 가지고 있는 체질은 세 가지 도샤 중 우세한 도샤의 특성에서 비롯되는 것인데, 보통 이 우세한 도샤가 지나치게 과도해지면 도샤의 균형이 깨어지고, 균형이 깨어짐으로써 발생하게 되는 증상들이 비정상 또는 질환이라 부를 수 있는 증상으로 나타난다는 것이다. 따라서 건강을 유지 또는 회복한다는 것은 개인이 가지고 있는 본래 도샤의 균형을 유지 또는 회복하는 것을 의미하는 것이며, 이 과정에 사용되는 허브 및 에센셜 오일들은 모두 도샤의 특성을 상승 또는 감소시키거나 조절할 수 있는 개별적 특성을 가지고 있다. 우리가 고객의 두피 유형에 맞는 적절한 두피 관리를 하기 위해서는 에센셜 오일이 도샤에 대해 가지고 있는 개별적 특성을 함께 파악해 두는 것도 유용할 것이다.

| 라벤더(Lavender, Lavandula Angustifolia) |

- 기원 : 지중해가 원산지이며, 로마시대 병사들의 피로를 풀어주기 위해 사용되었다는 기록이 있다.
- 효능 : 스트레스 완화, 우울증 해소, 진정, 이완의 효능이 있다.
- 특징 : 매우 중성적, 거의 모든 도샤 불균형적 병증에 유용하게 사용된다.
- 도샤(Dosha)[11] : VPK=[12](모든 체질에 적합)
- 활용 : 모든 종류의 피부염, 부스럼, 발진, 포진, 신경염, 두통, 스트레스 관리에 활용된다.
- 두피 타입 : 모든 유형, 특히 예민성 두피, 염증성 두피에 필수이다.
- 사용법 : 마사지오일, 샴푸, 헤어토닉, 아로마 램프 발향에 사용된다.

| 데바다루(Devadaru, Cedrus atlantica) |

- 기원 : 히말라야의 고지대에서 성장되며, 시더우드로도 불린다.
- 효능 : 진정, 항우울, 호흡기 질환, 천식, 원형탈모
- 도샤(Dosha) : VPK=(모든 체질에 적합)
- 활용 : 신경진정제, 레쥬비네이션, 내분비계, 관절염
- 두피 타입 : 유·수분 부족 두피, 탈모, 유분 과다 염증성 두피, 특히 스트레스성 관련 두피 질환에 추천
- 사용법 : 비누, 샴푸, 마사지오일, 헤어토닉, 명상, 목욕

| 하리드라(Haridra, Curcuma Longa) |

- 기원 : 인도가 원산지이며 피를 맑게 하고, 항염제로 사용
- 효능 : 면역증강, 뛰어난 항균, 항산화
- 도샤(Dosha) : VK-P+[13](와타, 카파 체질용)
- 활용 : 순환장애, 무월경, 피부질환, 관절염, 빈혈, 타박상
- 두피 타입 : 유분 과다 염증성 두피
- 사용법 : 마사지 오일 첨가, 샴푸, 항염증제
- ※ 주의사항 : 심한 황달, 간염, 심각한 피타 불균형증, 임신 중 사용금지

[11] 도샤(Dosha) : 체질을 결정하는 세 가지 기질, V(와타), P(피타), K(카파)
[12] VPK= : all dosha 오일, 모든 체질에 적합
[13] VK-P+ : V 감소, P 자극 / 와타, 카파용 오일

레몬 잠비라(Jambirah, Citrus Limonum)

- 효능 : 주의집중, 면역계 자극, 혈액 정화, 항바이러스, 원기
  회복
- Dosha : PV-K0[14] (피타, 와타 체질용)
- 활용 : 지성 피부, 감염성 질환, 면역저하, 스트레스, 림프활성
- 두피타입 : 유분과다 염증성 두피
- 사용법 : 목욕, 로션, 샴푸, 컨디셔너, 마사지

※ 주의사항 : 민감성 피부 염증 가능성, 광감작(2% 이상 사용 시 주의)

민트(Mentha, Mentha Piperita)

- 기원 : 동서양을 통해 오래 전부터 통증 및 순환계통의 약재로
  활용. 우리나라에서 흔히 박하라고 불리는 허브로 식품 첨
  가물로 사탕 및 껌의 향신료로도 많이 사용되며, 주요 성분
  인 멘톨(menthol)은 제약 및 연초 산업의 중요 원료이다.
- 효능 : 두통과 기침, 자극제 및 생기 부여, 혈액순환, 강력한
  수렴 효과
- 도샤(Dosha) : PK-,V0[15] (피타, 카파 체질용)
- 활용 : 발한제, 흥분제, 소염제, 살균제
- 두피 타입 : 유분 과다 염증성 두피
- 사용법 : 스케일링제, 샴푸, 헤어토너, 목욕, 마사지, 치약, 가글, 아로마 램프

※ 주의사항 : 신경계 자극, 개인에 따라 피부 민감반응, 7세 미만 유아에게 사용 금지

님(Neem, Azadirachta indica)

- 기원 : 인도에서 자생하는 열대성 및 아열대성 상록 식물,
  강수량이 적고 건조한 환경에서 잘 자람
- 효능 : 피부치료제, 살충제
- 도샤(Dosha) : VP-K+[16] (와타, 피타 체질용)

---

[14] PV-K0 : PV 감소, K 안정화 / 피타, 와타용 오일
[15] PK-,V0 : PK 감소, V 안정화 / 피타, 카파용 오일
[16] VP-K+ : VP 감소, K 자극 / 와타, 피타용 오일

- 활용
  - 열매로부터 추출된 님 오일 : 부패성 염증, 만성궤양, 백선, 감염된 화상, 아토피, 여드름
  - 잎으로 만든 파우더와 오일 : 페이셜 크림, 네일 폴리셔, 네일 오일
- 두피 타입 : 유분 과다 염증성 두피
- 사용법 : 샴푸, 컨디셔너, 헤어오일, 헤어토닉, 헤어팩

| 로즈마리(Rosmarinus, Rosmarinus officinalis) |

- 기원 : 지중해 원산지, 매우 오래 전부터 다양한 약효를 이용했던 기록 있음. 기억력, 집중력 향상을 위해 손수건, 책 등에 떨어뜨려 사용
- 효능 : 두통, 혈액순환, 진경, 살균, 호흡기, 모발 성장 촉진, 탈모 예방, 모발 관리
- 도샤(Dosha) : KV-P+[17](카파, 와타 체질용)
- 활용 : 여드름, 상처, 탈모, 지성 두피, 조기 백색모
- 두피타입 : 유수분부족두피, 예민성 두피를 제외한 모든 두피타입에 사용 가능
- 사용법 : 마사지, 샴푸, 컨디셔너, 헤어토닉
- 주의사항 : 임산부, 간질, 고혈압 환자 사용 금지

| 버가못 빔비카(Bimbika, Citrus Bergamia) |

- 기원 : 남부 이탈리아, 지중해 연안국가, 인도에서 생산
- 효능 : 살균, 해열, 항우울, 상처치료, 진경제
- 도샤(Dosha) : VK-P+[18](Heating, drying)
          (와타, 카파 체질용)
- 두피타입 : 유분과다 염증성 두피, 유·수분정상두피
- 사용법 : 아로마램프, 헤어로션, 헤어토닉, 향수, 마사지, 목욕, 흡입

---

[17] KV-P+ : KV 감소, P 자극 / 카파, 와타용 오일
[18] KV-P+ : KV 감소, P 자극 / 카파, 와타용 오일

│ 프랑킨센스 루반(Luban, Boswellia carterii) │

● 기원
  - Olibanum(유향, 乳香)
  - 동양에서 사용되던 최초의 향료 중 하나
  - 아라비아 반도, 인도, 북아프리카 등지에서 자생
  - 고대 이집트 파라오(Pharaoh)의 신체를 보존하는 중요
    한 원료로 사용

● 효능
  - 명상 효과 증가, 평온한 마음 유지
  - 피부 재생과 함께 신경성 스트레스 관련 문제 개선에 도움

● 도샤(Dosha) : KV-P+[19](Heating, drying) (카파, 피타 체질용)

● 두피타입 : 유분과다 염증성 두피, 특히 예민성 두피, 아토피성 두피, 스트레스성 탈모 등에
           추천

● 사용법 : 샴푸, 헤어토닉, 마사지

│ 제라늄(Pelargonium, Pelargonium graveolens) │

● 기원 : Pelargonium이란 이름은 황새를 의미하는 그리스어
        palargos에서 왔는데, 이는 제라늄의 꽃이 황새의
        부리를 닮았다고 해서 붙여진 이름임

● 효능
  - 폐경, 호르몬 균형, 항염, 살균
  - 균형감, 진정, 항우울
  - 식물성 호르몬(Phyto-estrogen) 성분 : 폐경기,
    레쥬비네이션 화장품 원료
  - 습진과 같이 수분이 부족한 병증, 균형 유지
  - 모든 피부 타입에 사용

● 도샤(Dosha) : PK-V0[20](피타, 카파 체질용)

● 두피 타입 : 유분 과다 염증성 두피, 호르몬 불균형으로 인한 탈모 등에 추천

● 사용법 : 샴푸, 마사지, 헤어토닉

[19] KV-P+ : KV 감소, P 자극 / 카파, 와타용 오일
[20] PK-V0 : PK 감소, 와타 안정화 / 피타, 카파용 오일

오렌지 브라트잠비라(Brhatjambirah, Citrus aurantium subsp. Amara)

- 기원
  - 추출 및 특징 : 오렌지나무의 꽃에서 추출
  - 수증기 증류법, 앱솔루트(가장 많이 사용), CO2
  - 매우 비싼 오일 중 하나로 알려져 있음
  - 매우 짙은 향을 지님, 매우 유연한 희석 효과를 지님
- 효능
  - 진경, 진정, 살균, 항우울
  - 확신과 마음의 강건함 제공, 불면증 완화,
    여성의 면역계와 밀접한 관계
  - 여성의 거의 모든 변화에 적용되어 경련 감소, 폐경 문제에 도움
    우울증, 분노, 가슴앓이 등에 탁월
- 도샤(Dosha) : PV-K+[21](피타, 와타 체질용)
- 두피 타입 : 유분 과다 염증성 두피, 특히 예민성 두피, 갱년기 이후 여성형 탈모 및 산후
    탈모에 추천
- 사용법 : 마사지, 샴푸, 헤어토닉

---

[21] PV-K+ : PV 감소, K 자극 / 피타, 와타용 오일

1 와타 체질에 적합한 에센셜 오일에 대하여 서술하시오.

2 피타 체질의 두피·모발의 특성에 대하여 서술하시오.

3 카파 체질의 두피·모발의 특성에 대하여 서술하시오.

두피·모발 관리의 실제

에스테틱 현장에서 관리사가 마주하게 되는 가장 큰 고민은 서로 다른 두피 유형을 가진 고객들에게 어떠한 원칙으로 관리를 할 것인가 하는 문제이다.

두피 유형을 구분하는 객관적인 기준을 정립하는 것도 중요하지만, 실제 관리 현장에서는 관리사들이 즉각적으로 고객에게 적용할 수 있는 개별적 맞춤 프로그램에 대한 보다 쉬운 접근법이 필요하다.

이런 문제에 대해 Part 2에서는 인도의 전통의학 아유르베다의 원리를 바탕으로 살펴보았고, 두피·모발의 유형에 영향을 미치는 체질을 분석하고 그 체질에 맞는 허브와 오일에 대해 살펴보았다.

이번 장에서는 Part 2에서 살펴본 아유르베다 이론을 바탕으로 합성 원료를 배제한 천연 허브와 최신 두피 관리 현장에 적용할 수 있는 두피 관리의 실제를 다루고자 한다.

01장 상담 및 진단

1절 고객 상담

1. 상담의 정의

상담(counseling)이란 사전적 의미로는 '어떤 일을 서로 의논하거나 그 방면의 전문가에게 의뢰하다' 라는 뜻으로서 두피·모발 관리에 있어 상담(counseling)이란, 상담자와 고객과의 대화를 통하여 문제점을 파악하고 올바른 정보와 지식을 전달해 줌으로써 고객의 욕구를 충족시키고자 하는 과정을 말한다. 또한 상담자가 고객의 요구와 불만족 상태 등을 질문하여 고객에게 맞는 서비스를 제공

함으로써 진정한 고객의 내면과 외면적인 관리까지도 포함하는 것이라 할 수 있다.

2. 상담의 목적 및 필요성

상담은 전문적인 지식을 갖춘 상담자가 고객과의 대화를 통하여 고객의 두피와 모발의 문제를 해결하는 과정으로 정확한 정보와 지식 전달은 물론 고객의 인식이나 태도를 바꾸어 잘못된 생활습관을 개선 및 향상하도록 함으로써 두피 관리의 효과가 극대화되도록 하는 데에 그 목적이 있다.

3. 상담의 요소

상담의 4요소는 상담자, 목적, 문제, 방안으로 구성되며 상담자는 신뢰, 지식, 애심의 3요소를 갖춰야 한다. 상담자의 기본 자세는 효과적인 상담을 위해 자신의 외적인 복장과 위

생상태뿐만 아니라 자세와 행동들이 고객에게 어떤 의미를 전달하는지 생각하고 주의하면서 자신이 의도한 것인지를 분명히 파악해야 할 것이다. 또한 고객의 말을 진심으로 경청해야 하는 태도가 중요하며, 단적인 표현을 삼간다. 상담자는 전문적인 지식을 갖추고 고객에 대한 진실성 있는 자세로 임하는 노력이 필요하다.

첫째, 고객으로부터의 관리 효과에 대한 신뢰가 있어야 한다.
둘째, 두피와 모발과 관련한 전문적인 이론 및 풍부한 임상 결과로 쌓여진 지식을 갖춘다.
셋째, 고객을 진심과 배려로 관리하려는 올바른 마음가짐을 가진다.

4. 고객 상담 방법

상담자는 고객 관리에 있어 먼저 고객의 일반적인 사항과 생활 습관, 건강 상태, 식습관, 가족력, 두피·모발의 증상들과 문제점 등을 파악한다. 상담 방법은 크게 4가지로 나눈다.

첫째, 고객과의 질의응답을 통하여 고객의 문제점을 파악하는 문진
둘째, 두피의 색과 각질 상태 등의 이상 유무를 시각적으로 파악하는 견진
셋째, 두피의 탄력도, 경직도, 예민도, 피지상태 등을 손으로 만지면서 상태를 파악하는 촉진
넷째, 두피 측정기나 현미경을 이용한 모발의 밀도, 굵기, 모공 상태 등을 확대하여 좀 더 세밀하게 관찰하는 검진

5. 상담 심리

상담에서 상담자와 고객의 입장은 다르다. 같은 내용일지라도 고객에 따라 긍정적인 반응과 부정적인 반응으로 전혀 다른 결과가 나올 수도 있는 것이다. 이는 고객마다 기질과 성향이 다르기 때문이다. 이에 전문가라면 고객의 심리 파악을 위해 먼저 눈높이를 맞추고 고객의 말에 경청하며 고객이 원하는 목적을 파악하여야 할 것이다. 그렇게 함으로써 관리 효과를 증대시키고 고객 클레임을 최소화 할 수 있을 것이다.

상담 시 고객의 성향 분석은 하루아침에 이루어지는 것이 아니며, 꾸준한 훈련과 경험에서 비롯되는 만큼 전문 상담자로서 자기 감정 조절력과 대화법을 갖추는 것 또한 기본적인 요소라 할 수 있다.

① 첫 인상을 파악하라.

고객의 옷차림, 자세, 헤어스타일, 말씨, 두피 상태, 행동 등을 참고로 하여 상담할 스타일을 결정해야 한다. 특히 젊은 탈모 고객층의 경우 심리적으로도 위축되어 있는 경향이 많으므로 이러한 고객의 심리 상태를 파악하고 그에맞는 대화법이 이루어져야 할 것이다.

② 내면을 파악하라.

고객의 내면적인 성향과 심리 상태를 파악해야 한다. 현재 모발이나 두피 상태에 따른 고객의 잘못된 상식을 파악하여 전문가적 지식과 여러 대안으로 고객에게 설명할 수 있는 논리적이고 합리적인 표현력을 갖추어야 한다. 무엇보다 고객의 심리적인 상태에 맞춰 배려하고 연령, 사회, 문화적 배경을 고려하여 고객이 원하는 최선의 방안을 솔직하고 정확하게 제시하여야 한다.

③ 프로그램 선정

고객의 두피나 모발 상태에 따른 진단과 파악이 끝나면 최종적인 관리를 결정한다. 고객의 상태와 이미지에 맞춰 결정된 시술 내용을 설명하고 시술 시간, 제품, 기기 등에 대한 설명도 해야 한다. 그리고 시술 전후에 고객의 성향에 맞춰 관리 단계나 제품 등을 재확인시키며, 홈케어에 대한 조언도 반드시 이루어져야 한다.

5. 상담 차트 작성

고객의 증상에 맞는 관리 프로그램과 제품을 선정하는 데 있어 상담 시 기록은 매우 중요하다. 또한 상담은 지속적으로 문제를 해결해 나가는 과정이다. 그러므로 고객 스스로 문제의 행동을 조절하여 개선하는 것을 목표로 하기 때문에 지속적인 상담이 필요하다.

상담 카드 작성법은 다음과 같다.

① 일반적인 사항 기록

고객의 이름, 주소, 나이, 성별, 키, 체중, 직업 등을 기록한다. 직업은 고객의 라이프스타일을 파악할 수 있는 항목이므로 세밀히 기록해야 하며, 특히 유전적 소인 또한 매우 중요한 사항으로 꼭 확인해야 한다.

② 구체적 사항 기록

과거 병력, 음주와 흡연, 최근 다이어트 경험, 여성의 경우 출산 여부와 생리주기, 스트레스 정도, 주로 생활하는 환경의 온도나 습도, 운동 여부와 종류, 규칙성, 과거 두피와 모발 관리 경험, 부작용 여부 등을 확인하여 꼼꼼히 기록한다.

③ 사후 서비스 기록

고객에게 관리할 제품의 특징과 관리법, 관리 후 나타날 수 있는 부작용 등을 반드시 설명하고 현재 사용 중인 제품 확인 후 올바른 사용법에 대한 정보를 제공한다. 그리고 관리 후에도 항상 고객의 상태를 파악하고 사후 서비스를 기록한다.

두피 및 탈모 관리 상담 카드

상담일자			상담자	

고객 정보				
고 객 명		성 별		결혼유무	
생년월일		연락처		E-mail	
주 소				직 업	

고객 체질					
와타피타		피타와타		와타카파	
카파와타		피타카파		카파피타	

생활패턴 진단(Life Style)				
샴푸횟수	주 ( )회	펌 or 염색	년 ( )회
스타일링제 사용 여부		음주 및 흡연		
수면상태 및 시간		스트레스 강도	□상 □중 □하	
알레르기 유무		약 복용(및 병력)		

상담 정보(상담자 체크)			
두피 관리 경험	두피 관리 경험	있다 (□미용실 □관리센터 □병원) 없다( )
	약물치료 경험	있다 (□프로페시아 □미녹시딜 □모발이식) 없다( ) 잘 모르겠다( )
	사용 중인 두피 제품	□지성 □정상 □건성 □비듬(지성/건성) □염증 □예민성 □모세혈관확장
두피/모발 상태	모공 상태	□열림 □보통 □막힘 □불청결
	두피 상태	두정부 □투명 □홍반 □염증 측두부 □투명 □홍반 □염증 후두부 □투명 □홍반 □염증
	모발 상태	□굵은모 □중간모 □가는모 □지성 □건성 □곱슬모 □직모 □파상모 □염색 □탈색 □손상모 □펌(웨이브/스트레이트)
	비듬	□전체 □부분( ) □없다
	가려운 증상	□있다 □없다

탈모	남성 탈모	M자형 O자형 U자형 M+O자형 해당되는 유형을 적으시오 ( )
	여성 탈모	Ⅰ Ⅱ Ⅲ Grade I Grade II Grade III 해당되는 단계를 적으시오 ( )
	탈모 원인	유전성 ( ) 스트레스성( ) 피부질환( ) 세척불량 ( ) 호르몬 과다 분비 ( ) 항암제 사용( ) 기타 ( )

관리 프로그램 및 홈케어		
	관리목적	관리방법
관리 프로그램		
홈케어 관리		
기타		

탈모 자가진단

탈모 전조증상

아래와 같은 증상이 있는 경우 탈모예방을 위한 관리가 필요하다.

1. 스트레스를 받으면 두피에 후끈후끈 열감이 느껴진다.
2. 예전에 비해 모발이 가늘어졌다.
3. 하루에 한 번씩 머리를 감아도 기름기가 많고 떡진다는 느낌을 받는다.
4. 두피가 건조하며 당기는 느낌을 받는다.
5. 굵고 큰 비듬 또는 잔 비듬이 많이 생긴다.
6. 평소보다 머리가 많이 가렵고, 머리 밑이 아프거나 당긴다.
7. 모발의 볼륨감이 떨어지며 모발이 푸석해진다.
8. 모발에 힘이 없고 늘어지는 느낌이 난다.
9. 얼굴에 뽀루지나 여드름이 생기고 두피에도 가려움증이나 뽀루지가 생긴다.
10. 갑자기 수염과 털이 많아지며 굵어진다.
11. 두피에 딱지가 생기고 긁으면 피가 나며 염증이 생기기도 한다.
12. 머리를 감아도 머리에 냄새가 난다.

탈모 진행형 증상

아래와 같은 증상이 있는 경우 병원에 내원해서 탈모의 유무를 확인할 필요가 있다.

1. 자고 일어났을 때 베개에 모발이 많이 빠져있다.
2. 머리를 감을 때 모발이 많이 빠진다.
3. 특정 부위가 비어 보이며, 주위에서 머리카락이 많이 비어 보인다는 소리를 종종 듣는다.
4. 예전에 비해 머리 숱이 줄었다.
5. 예전에 비해 이마가 넓어지고 주위에서 이마가 넓어졌다는 소리를 종종 듣는다.
6. 동전만한 탈모가 생겼다.

6. 체질별 고객 상담 요령

고객 상담 시 가장 중요한 것은 고객의 니즈를 정확하게 파악하고, 이를 바탕으로 고객의 두피상태를 개선시킬 수 있는 관리 프로그램을 선택하도록 유도하는 것이다. 이는 전문적인 상담을 통해 고객의 충분한 심리적 공감을 불러일으켜 동의를 구하는 과정이므로, 고객의 의사와 무관해서는 안 되며, 티켓팅을 위해 일방적이거나 강압적인 태도로 몰아 붙여서도 안 된다.

고객이 스스로 관리의 필요성을 인식하고, 관리 프로그램을 부담 없이 받아들일 수 있도록 하는 상담 스킬이 필요하다. 이때 아유르베다의 체질론을 응용하여 상담을 진행하면 고객의 심리를 파악하는 데에 도움이 될 수 있으며, 체질에 따른 정서적 성향을 바탕으로 고객의 기호와 심리 등을 파악하여 적절한 고객 응대가 가능하다.

내용	와타(Vata)	피타(Pitta)	카파(kappa)
고객 상담 시	와타 체질은 기분에 따라 티켓팅한 후 다음날 환불 가능성이 높은 타입으로 환불하지 않도록 확실한 방법으로 상담이 이뤄져야 한다.	피타 체질은 전문적인 지식과 논리를 바탕으로 관리의 필요성을 어필하면 티켓팅 확률이 높다.	카파 체질은 의심이 많기 때문에 처음부터 무리한 티켓팅은 하지 않는 것이 좋다. 꾸준한 관리로 매니아를 만들 수 있는 유형이다.
두피 관리 시	부드럽고 약하게 한다.	약간 강하고 부드럽게 한다.	강하고 자극적인 관리를 선호한다.
대화 시	말을 빠르게 하는 편이고, 감정의 변화가 빠른 타입이다.	상대방의 말이 논리적으로 이해가 되면 맞장구치며 금방 친해지는 타입이다.	보통 느리게 말하며, 대화를 즐기는 타입이다.
관리에 만족하지 않았을 경우	다른 핑계로 환불을 요청한다	불평과 함께 화를 낸다.	아무 말도 하지 않고 관리를 받지 않는다.
환불 시 상담 요령	인간적인 감정에 호소하면서 진정성을 보이면 환불을 취소할 확률이 높다.	논리적이고 전문적인 지식을 바탕으로 적극적인 설득이 필요하다.	추가적인 관리가 별도의 비용 없이 이뤄지든지, 좀 더 업그레이드된 프로그램 관리가 필요하다.
물건 구매 시	충동 구매가 많다.	따져 보고 구매한다.	구매하는 데 신중을 기한다.
음식	맛보다는 분위기 있는 곳을 선호하며 식사는 하루 4번 자주 조금씩 먹어야 좋은 체질이다.	배꼽시계가 정확해서 제때 밥을 먹어야 하고 대체적으로 식사를 빠르게 하는 체질이다.	천천히 끝까지 음식을 남기지 않고 즐겨 먹는 체질이다.
음료	따뜻한 음료를 좋아한다.	찬 음료를 좋아한다.	따뜻한 음료를 좋아한다.
성격	약간 우유부단하다.	완벽주의자가 많다.	게으르고 무기력할 수 있다.

▲ 표 〈체질별 고객 상담 요령〉

7. 고객 만족도 평가

고객이 관리를 받고 서비스 만족도에 대한 고객의 평가를 바탕으로 관리 프로그램이나 관리 제품, 관리 서비스의 질이 좋아질 수 있도록 반영한다.

설문내용	매우 만족	만족	보통	조금 불만족	매우 불만족
고객 상담 만족도					
관리 프로그램의 만족도					
관리사 서비스 만족도					
관리 프로그램 가격 만족도					
관리실 환경 만족도					
관리 제품 만족도					
기타 건의사항					

▲ 표 〈고객 만족도 평가〉

두피 진단은 좁게는 두피의 상태와 유형을 분석하는 것만을 의미하지만, 넓게는 고객의 두피와 모발 상태를 포함하여 두피·모발 상태에 영향을 줄 수 있는 고객의 생활 및 기타 상황에 대한 정보 수집을 통해 보다 체계적인 관리를 준비하기 위한 과정으로, 관리사는 두피 진단 과정을 통해 두피·모발 상태와 유형을 분석하고 고객에게 적절한 프로그램을 선택하기 위한 정보를 수집한다.

1. 1차 진단(개괄적 정보 수집)

고객에 대한 기본적인 정보와 두피·모발 상태 및 그에 영향을 주는 생활 습관 등에 대한 개략적인 정보를 문진과 견진, 촉진의 방법을 통해 진단한다. 그러나 이 방법은 판독하는 자의 주관적인 의견이 개입될 수 있는 단점이 있다.

1) 문진법

고객의 연령, 직업, 사용 중인 두피·모발 제품, 샴푸 방법, 펌이나 염색의 주기, 기호식품, 알레르기 유무, 질병의 유무나 복용 중인 약, 스트레스 정도, 식습관 및 생활 습관 등을 질의응답 형식과 고객 카드에 기록하는 방법을 통하여 두피 타입을 판독하는 방법이다.

2) 견진법

두피나 모발을 육안이나 확대경을 이용하여 두피·모발을 판별하는 방법으로 모공의 크기, 모발의 굵기, 모발의 밀도, 두피의 각질 정도, 두피의 표면 색상, 탈모 정도 등의 두피 상태를 개략적으로 판독하는 방법이다.

3) 촉진법

상담자의 손을 통하여 고객의 두피를 만져보거나 눌러봄으로써 모발 탄력도, 손상도, 두피의 탄력도 등의 상태를 판독하는 방법이다.

2. 2차 진단(세부적 정보 수집)

두피 측정기나 현미경을 이용한 모발의 밀도, 굵기, 모공 상태 등을 확대하여 좀 더 세밀하게 관찰하는 방법이다.

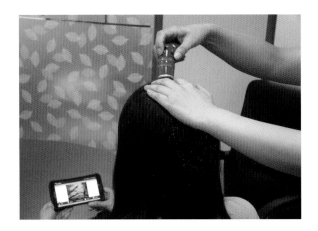 

■ 두피 · 모발 측정 현미경 배율의 측정 기준 예

- 1배율 : 두상 전체의 탈모 진행 정도와 유형 파악
- 40~100배 : 일정 면적 범위에서 모발 밀도, 두피톤, 두피의 외적인 상태 파악
- 200~400배율 : 두피 및 모공 상태, 탄력도, 예민도 등을 파악
- 600~800배율 : 모발 표면의 손상도와 굵기 파악

▣ 세부적 진단을 위한 두피 진단용 기기 − 포터블 두피 현미경

제품명	용도	배율	해상도(CCD, CMOS 초정밀 해상도)
Dream Vision X − Pro	피부 분석, 두피 분석	50배, 100배	3.0메가픽셀(Mega pixel)
	실험실, 제품 검사, 정밀 가공, 정밀 조립, 금속 도금, 과학 실습		

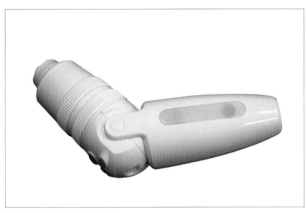

▲ 그림1 〈두피(피부, 모발) 분석 현미경〉

■ 제품의 특징

- 핸드백 속에 휴대 가능한 콤팩트 사이즈(언제 어디서나 사용 가능)
- 컴퓨터와 스마트폰 어느 곳에서든 사용 가능한 세계 최초 시스템
- 컴퓨터용 프로그램, 스마트폰 프로그램 및 피부(두피) 분석용 어플 함께 제공
- 어두운 곳에서도 사용 가능한 8개의 LED 발광 시스템
- 렌즈 교환을 하지 않는 간편한 크롬 도금 휠(Wheel) 조절기 사용

3. 두피 진단의 목적과 주의점

① 문진, 견진, 촉진을 통해 고객의 문제점을 정확하게 파악하고 관찰함으로써 그 사실에 의한 1차적인 고객의 정보를 얻는다.

② 고객과의 상담을 통해 1차적인 기초 자료를 바탕으로 2차적인 검진(두피 측정기)을 실시함으로써 고객의 증상에 맞는 관리 프로그램과 제품 및 기기를 선정하여 관리 효과를 증대시킨다.

③ 관리 프로그램에 있어 고객의 상태와 호전 정도에 따라 관리 중 상담은 언제든 다시 이루어져야 하며 상담을 통해 프로그램 재설정을 함으로써 관리 효과를 증대시킨다.

④ 관리 후 개선된 두피 상태를 계속적으로 유지하기 위해서는 고객에게 사후관리 차원의 홈케어 지도가 반드시 이루어져야 한다.

⑤ 관리 중 모든 과정은 고객과의 신뢰와 의지가 필요하므로 과장된 표현은 자제하고 정확한 지식만을 전달해야 하며 고객의 심리적 안정을 배려한다.

⑥ 두피와 탈모 관리는 고객의 꾸준한 노력이 요구되는 평생 관리라는 것을 인식시켜야 한다.

01장 과제탐구

1 두피 진단에 대해 설명하시오.

- 문진의 정의

- 촉진의 정의

- 견진의 정의

2 두피 진단의 목적과 주의점에 대해 적으시오.

두피 · 모발 관리 프로그램

두피 관리는 두피와 모공에 쌓여 있는 각질 및 노폐물을 제거하여 두피의 상태를 청결하게 유지시킴으로써 두피에 필요한 영양분과 산소 공급을 원활케 하여 두피의 신진대사가 잘 이루어지도록 하는 것이다. 두피의 신진대사가 원활하게 이루어지게 되면 두피뿐만 아니라 두피로부터 영양 공급을 받아 생장하는 모발까지도 건강한 상태를 유지할 수 있게 된다. 두피와 모공에 쌓여 있는 각질과 노폐물은 모발의 성장을 억제시킬 뿐만 아니라 탈모현상까지 유발할 수 있기 때문에 두피 · 모발을 위한 세심한 관리가 필요하다.

두피 관리는 다양한 문제성 두피를 예방하고 보다 나은 두피 상태로 개선시키며, 건강하고 윤기 있는 모발로 성장하도록 하는 것이라고 할 수 있다.

▣ 두피 · 모발 관리의 목적 및 필요성

두피는 긴 모발이 두피 전체를 뒤덮고 있는 특수한 환경 때문에 매일 세정을 하는 경우에도 샴푸 잔여물이나 노폐물 등이 두피나 모공 주변을 막아 피지 배출을 방해하고, 영양분의 흡수를 저해하므로 다양한 두피 트러블이 발생하기도 하고, 그에 따라 모발의 성장에 이상이 생기기도 한다.

또한 펌, 염색과 같은 헤어스타일링을 위한 잦은 화학적 시술이나 불규칙한 생활, 스트레스, 불균형적인 식생활 등 복합적인 영향으로 현대인들의 탈모와 모발 손상 문제가 심각해졌다. 그러므로 두피 관리에 대한 관심이 날로 증가함은 물론, 두피 · 모발을 위한 지속적인 관리가 필요한 이유가 여기에 있다. 적절한 두피 관리를 통해서 노화된 각질이나 각종 이물질이 두피의 모공을 막아 피지의 배출이나 피부 호흡을 방해하는 것을 막고, 두피에 자극을 주어서 혈액 순환을 원활하게 해서 탈모를 예방하고 모발의 성장을 돕는다.

▶ 두피 · 모발 관리 준비의 목적

- 상담 및 두피 진단을 통해 파악한 두피 타입에 따라 기기, 소품, 관리 제품을 준비하고 두피 · 모발의 상태를 정돈하여 두피 · 모발 관리가 원활하게 이루어질 수 있도록 한다.

▶ 두피 · 모발 관리 준비 시 주의사항

- 상담 및 두피 진단을 통해 고객의 두피 상태를 정확하게 파악하고, 두피 상태에 적합한 관리 프로그램을 선택하여 두피 관리를 한다.
- 관리에 앞서 미리 두피 관리 시 사용할 기기와 소품, 관리 제품들을 잘 정리하여 준비해두고, 고객이 관리 의자에 앉는 즉시 바로 관리하도록 한다.
- 두피와 모발의 생리에 대한 지식과 두피 · 모발 관리 제품에 대한 지식을 숙지하여 고객의 질문에 정확하고 적절하게 응대할 수 있는 전문가로서의 면모를 갖추도록 한다.
- 고객의 상태를 확인하고 고객 차트에 매 회 빠짐없이 정확하게 기록하여 두피 · 모발 상태의 개선 추이를 체크한다.

1. 브러싱

브러싱은 브러시[22]를 이용하여 모발을 빗질하고 가지런히 정돈하는 것이다. 모든 두피 관리의 가장 기본적인 단계로 실질적인 두피 · 모발 관리에 앞서 브러싱을 통해 헝클어진 모발을 정돈하여 두상을 파악하고, 모발의 이물질을 제거하여 샴푸 시술을 용이하게 해준다. 또한 두피와 모발의 상태를 파악하는 데 도움을 줄 수 있고, 고객에게 편안하고 안정감을 줄 수 있는 준비 단계에 해당한다. 가벼운 브러싱은 두피를 자극하여 혈액 순환 및 피지 분비를 촉진시키고 모발의 끝부분까지 두피에서 분비된 유 · 수분이 고루 전달되어 모발에 광택을 줄 수 있다.

---

[22] 브러시 : 머리빗

1) 브러싱의 목적

- 관리에 앞서 헝클어진 모발을 정돈한다.
- 모발에 묻은 이물질을 제거해 준다.
- 부드러운 자극을 통해 두피의 혈액 순환을 원활하게 한다.

2) 방법 및 주의점

- 정수리(백회혈*) 방향으로 모발을 쓸어 올리고, 모발이 자라는 반대 방향으로 빗질한다.
- 두정부 → 측두부 → 후두부(좌우) → 측두부의 순으로 모발 전체를 브러싱한다.
- 빗질은 부드럽게 하여 두피를 심하게 자극시키지 않도록 한다.
- 모발이 엉켰을 경우 무리하게 빗질하여 두피가 잡아당겨 진다거나 모발이 끊기지 않도록 주의한다.
- 브러시는 빗살이 굵고, 끝이 둥글넓적하여 두피에 닿았을 때 자극이 심하지 않아야 하며, 정전기가 발생하지 않는 소재의 브러시를 선택해야 한다.

3) 브러싱 순서

모발이 자라는 반대 방향으로 브러싱하여 모발 전체를 가볍고 부드럽게 정돈한다.

1. 부드럽고 모가 굵은 소재의 브러시를 준비하고, 고객을 관리 의자에 앉힌 후 편안한 자세를 유지하게 한다.

* 백회혈 : 독맥에 속한 혈. 머리 정 가운데의 선 위에서 앞 머리카락 경계로부터 다섯 치 뒤쪽의 우묵한 곳

2. 전두부에서 정수리(백회혈) 방향으로 브러싱한다.

3. 좌측 측두부에서 정수리(백회혈) 방향으로 브러싱한다.

4. 좌측 후두부에서 정수리(백회혈) 방향으로 브러싱한다.

5. 반대쪽도 같은 방법으로 브러싱한다(우측 후두부 → 우측 측두부 → 정수리).

6. 모발을 가지런히 정돈하여 마무리한다.

두피는 부적절한 샴푸 습관 또는 기타의 여러 가지 이유 등으로 이물질과 피지 분비물, 노화된 각질이 두피에 잔류할 경우 세균의 번식을 도와 염증 및 가려움증을 유발할 수 있다. 또한 이러한 오염물이 모공을 막아 모발이 가늘어지고 탄력을 잃으며, 이러한 과정이 반복되는 악순환이 계속될 경우 탈모로 이어지게 된다.

1. 1차 클렌징(스케일링)의 목적

클렌징(cleansing)이란 오염물을 제거하는 세정 과정을 의미한다.

1차 클렌징은 본격적인 두피 관리 단계 전, 모낭 속의 노화된 각질이나 산화된 피지, 오염된 먼지 등 각종 노폐물을 제거해 줌으로써 두피의 청결과 모발 건강을 유지할 수 있도록 도와주고 관리의 효과를 높여 준다. 1차 클렌징은 보통 모공을 막고 있는 각질 제거가 주된 목적이기 때문에 스케일링(scaling)[24]이라는 용어를 사용하기도 한다.

1차 클렌징에서는 각질 제거의 목적을 위해 산성 성분의 스케일링 제제를 주로 사용하는 경우가 많다. 그러나 경우에 따라서 산성 성분이 피부에 자극을 줄 수 있기 때문에 민감성 두피의 경우에는 이 과정을 생략하는 것이 더 나을 수도 있다.

2. 스케일링 제품의 주요 성분

스케일링 제품의 주요 성분은 일반적으로 각질 제거, 혈행 촉진, 피지 제거를 위한 성분으로 구성되어 있으며, 제품에 따라 특정 화학 성분 또는 복합 천연물로 되어 있다.

- 각질 제거를 위한 성분 : 살리실산, AHA 등
- 혈행 촉진을 위한 성분 : L-멘톨, 박하추출물, 로즈마리 EO(에센셜오일), 페퍼민트 EO(에센셜오일)...등
- 피지 제거를 위한 성분 : PEG, 계면활성제...등

스케일링에 필수적인 각질 제거를 위해 쓰이는 성분들은 주로 산성을 띠고 있는 경우가 많다. 따라서 스케일링 과정을 통해 두피가 어느 정도 자극을 받을 수 있으므로 시술 후 진정 관리를 해주는 것이 좋다.

[24] 스케일링 : 딱딱한 물질을 긁어내거나 비늘을 벗긴다는 뜻

3. 방법 및 주의점

스케일링 제품을 두피 상태에 따라 적절한 것으로 선택한 뒤, 두피를 세분하여 빠지는 부분이 없도록 촘촘히 도포한다. 이때 모든 두피에 스케일링 과정을 반드시 적용해야 하는 것은 아니며, 각질이 있다고 하더라도 지나치게 건조하거나 예민한 두피는 관리자의 판단하에 스케일링 과정을 생략할 수 있다.

4. 스케일링 순서

1. 스케일링하기 전에 모발을 자라는 반대 방향으로 부드럽게 빗질하여 정리한다.

2. 스케일링이 용이하도록 두부를 4등분으로 나눈다.

3. 앞부분부터 시작해서 1cm 간격으로 옆 부분까지 스케일링한다.

4. 두정부, 후두부를 촘촘한 간격으로 스케일링한다.

5. 헤어라인을 따라 스케일링한다.

5. 진정 관리

스케일링 과정은 두피와 모공에 쌓여 있는 각질 및 노폐물을 제거하여 두피의 상태를 청결하게 함으로써 관리의 효과를 높이는 것이 목적이다. 따라서 각질 제거를 보다 용이하게 하기 위해 피부의 pH보다 다소 낮은 산성의 성분으로 되어 있는 경우가 일반적이다. 스케일링 후 진정 관리는 보통 두피 관리 과정에서 간과하기 쉬우나 스케일링 과정이 끝난 후 두피의 정상적인 pH 밸런싱을 회복하고 자극을 완화시키기 위해서는 진정 성분의 헤어미스트(Hairmist) 도포 및 쿨링 관리로 마무리 해주는 것이 좋다.

◪ 스케일링 과정에서 응용할 수 있는 두피 관리 기기

두피와 모공 속의 노폐물을 제거하기 위해서는 산도가 높은 스케일링제를 도포하여 각질을 녹여내는 방법 외에도 기기를 사용하여 물리적인 압력과 자극을 통해 두피의 이물질을 제거하는 방법들이 있다. 두피 스케일링을 위해 헤어스티머(Hair steamer)나 제트필(Jet peel)과 같은 기기들을 활용하기도 한다.

1) 헤어 스티머

미립자의 수증기를 이용하여 두피의 각질 및 노폐물 등을 연화시켜 쉽게 제거할 수 있도록 하며, 모발과 두피에 부족한 수분을 공급해주는 기기이다. 보통 스케일링 전에 사용해 줄 수 있다. 건성 두피는 40℃에서 10분 정도, 비듬 두피는 45℃에서 10~15분 정도, 예민성 두피는 38℃에서 7~10분 정도로 두피 상태에 따라 사용하며, 두피에 열이 많은 고객의 경우 온도와 시간을 적절히 조절한다.

2) 제트필(O₂ & WATER PEEL)

JET PEEL은 피부 및 두피에 초음속으로 가속된 멸균 식염수와 산소가 고압 분사 장치를 통해 초입자 물방울로 분사하여 두피의 죽은 각질층을 벗겨내고, 산소와 액체의 작용으로 두피의 신진대사를 촉진, 피부 세포층의 재생을 자극하는 기기이다. 제트 필은 물과 산소를 이용한 신개념의 필링 시스템으로 산소의 압력만으로 동작하는 초음속의 분사력을 이용하기 때문에 보습 작용을 주면서 동시에 풍부한 산소의 공급을 통해 미백 효과와 피부의 신진대사를 활성화시킨다.

일종의 물리적 스케일링 작용을 하는 기기로서, 화학적 스케일링제와 동시에 실시했을 경우 과도한 자극으로 두피 상태를 예민하게 할 수 있으므로 고객의 두피 상태와 예민 정도를 파악한 후 필요한 경우에만 실시하도록 한다.

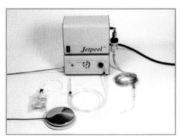  

▲ 그림 〈제트 필〉

샴푸란 두피와 모발에 묻은 먼지, 피지, 땀 등의 더러운 물질을 씻어내기 위한 세제의 일종 또는 세제로 머리를 감는 일을 말한다.

두피와 모발은 피지와 땀, 노화된 각질, 외부에 의한 먼지, 세균 등으로 오염되며, 이로 인해 두피의 생리 기능이 악화되어 두피·모발에 다양한 문제들이 발생하게 된다. 그러므로 두피와 모발을 항상 청결하게 유지하는 것이 두피 관리의 기본이 되며, 샴푸가 중요한 이유가 여기에 있다.

샴푸에는 계면활성제, 향료, 모발 상태를 개선하기 위한 영양 성분, 보습 물질 등의 다양한 성분들이 들어있으며 크림, 분말, 고체, 액체 형태가 있으나 대개는 액상의 샴푸가 널리 사용된다. 두피 타입과 피지 분비량 등을 고려하여 적절한 세정력을 갖춘 샴푸를 선택해야 하며, 피부에 자극이 적은 약산성 또는 중성인 샴푸를 사용하는 것이 좋다.

1. 샴푸의 목적 및 필요성

샴푸는 1차 클렌징(스케일링) 단계를 통해 분리된 두피표면과 모공 주변에 존재하는 피지와 땀, 각질 등과 외부의 먼지나 이물질로 이루어진 잔여물의 제거를 목적으로 하며, 두피뿐만 아니라 더러워진 모발을 청결하게 해준다. 또한 샴푸 시 두피에 적당한 자극을 주게 되면 두피의 혈액 순환을 촉진시켜 모발의 성장에 도움을 주기도 한다. 두피와 모발의 상태에 따라 적절한 제품을 선택하여 샴푸만 잘해도 각종 두피 트러블 및 탈모의 예방이 가능하다. 그러나 깨끗하게 잘 헹구지 못한다면 오히려 샴푸의 잔여물이 두피에 남아 자극적인 이물질로 작용할 수 있으므로 샴푸 시술 시 물 세정을 꼼꼼하게 하는 것이 매우 중요하다.

2. 샴푸의 주요 성분

샴푸는 세정 역할을 하는 계면활성제가 주성분으로 작용하며, 그 외에 기포 안정제, 유화제, 컨디셔닝제, 보습제, 점증제, 방부제, 항산화제, 색소, 향료, 항비듬제, pH 조절제 등이 포함되어 있다. 샴푸는 계면활성제 성분 함량이 20% 전후로 포함되어 있어 세정작용과 기포작용이 강해 모발의 피지와 때를 제거한다. 고객의 두피와 모발 상태에 따라 샴푸 종류를 선택한다.

3. 샴푸의 방법 및 주의점

샴푸 시에는 두피 및 모발의 상태에 따라 샴푸 제품을 선택하여 미지근한 물을 사용해 두피와 모발에 묻은 노폐물을 제거하고 적절한 지압으로 두피를 마사지한 다음 샴푸제가 두피와 모발에 남아 있지 않도록 충분히 헹구어준다. 워터펀치(Water punch) 같은 기기를 보조적으로 사용할 수도 있다. 젖은 두피와 모발은 타올과 드라이를 이용해서 잘 건조시킨다.

▷ 샴푸 방법
- 머리를 미지근한 물로 충분히 적신다.
- 적당량의 샴푸를 두피와 모발에 바른 후 거품을 낸다.
- 손가락의 지문 부위를 이용하여 두피를 비비며 마사지해 준다.
- 2~3분 정도 두피와 모발 전체를 문지른 후 깨끗하게 헹군다.
- 마지막에 찬물로 헹구어주면 모공 수축에 도움이 된다.

▷ 샴푸 시 주의점
- 관리사는 반지나 팔찌 등의 착용으로 고객의 모발과 얼굴에 불편을 주지 않도록 해야 한다.
- 고객이 불편한 자세로 샴푸를 받지 않도록 주의해야 한다.
- 시술자의 손톱이 길거나 날카롭지 않아야 한다.
- 샴푸 전 물의 온도가 적당한지에 대해서 고객에게 질문하여 물 온도를 맞추도록 해야 한다.
- 샴푸 시 고객의 얼굴에 물이 튀지 않도록 작은 면 수건으로 가려준다.
- 관리사는 지압으로 샴푸마사지를 하되 두피에 너무 강한 자극을 주어서는 안 된다.
- 관리사는 고객이 불쾌감이 들지 않게 항상 청결에 주의해야 한다.

4. 샴푸 매뉴얼테크닉 방법

샴푸 시 적절한 지압과 마사지는 두피 혈행을 원활하게 해주고, 모공 속의 노폐물과 두피 표면의 각질 등을 제거하는 데 도움을 준다.

1) 샴푸 매뉴얼테크닉 방법

- 경찰법 : 손바닥 전체를 이용하여 가볍게 쓰다듬는 동작을 말한다.
- 강찰법 : 엄지나 손바닥을 이용하여 원을 그리듯이 강하게 문지르는 동작을 말한다.
- 유찰법 : 손가락을 이용하여 집었다 놓았다 하며 집어주는 동작을 말한다.
- 고타법 : 손가락이나 손바닥, 주먹으로 가볍게 두드리는 동작을 말한다.
- 진동법 : 손바닥을 이용하여 가볍게 진동을 주는 동작을 말한다.

▶ 샴푸 테크닉 동작

- 지그재그 동작 : 두피를 손가락으로 지그재그 문지른다.

- 나선형 문지르기 동작 : 손끝으로 둥글게 문지른다.

- 튕기기 동작 : 두피를 손끝으로 쥐었다가 튕겨준다.

- 움켜쥐기 동작 : 사지를 이용하여 머리카락을 가볍게 움켜쥐었다 편다.

5. 샴푸 순서

1) 와식 샴푸

고객을 의자에 앉혀 고개를 뒤쪽 샴푸대에 눕게 하여 샴푸를 하는 방식이다.

1. 고객을 자리로 안내한 후 샴푸대에 뒷목을 잘 받혀 위치를 고정한 다음 샴푸 시 얼굴에 물이 튀지 않도록 수건으로 얼굴을 가려준다.

2. 물을 손으로 체크하여 적정한 온도로 맞춘 다음 두피와 모발에 골고루 적신다(물의 온도는 너무 뜨겁거나 차갑지 않게 주의하고, 물이 귀나 얼굴에 흐르지 않도록 손으로 막아주면서 적신다).

3. 샴푸를 덜어 거품을 내어 두피와 모발에 묻힌다.

4. 두피마사지를 하면서 샴푸한다.

❶ 두피 전체 압하기(양 엄지로 두피를 지압한다)

❷ 나선형 문지르기(양 엄지로 헤어라인을 따라 귀 앞(청궁혈)을 지나 귀 뒤(유양돌기)까지 나선형으로 둥글리듯 문지른다)

❸ 후두부 문지르기(사지로 후발제에서 정수리까지 쓸어 올리듯 문지른다)

❹ 전체 나선형 굴리기(두피 전체를 손끝으로 나선형으로 문지른다)

❺ 튕기기(엄지와 사지를 이용하여 두피 전체를 집어주듯이 튕긴다)

❻ 모발 움켜잡기(전체 머리카락을 움켜잡았다가 펴기를 반복한다)

❼ 전체 압하기(양 엄지로 두피 전체를 다시 지압한다)

❽ 귀 압하기(검지와 중지를 이용하여 귀 앞뒤를 압하면서 후두부로 빼준다)

❾ 옆 목 문지르기(머리를 옆으로 약간 돌린 후 옆 목선을 나선형으로 굴려준다 – 반대편 반복)

5. 샴푸를 깨끗하게 헹군다.

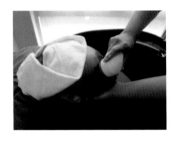  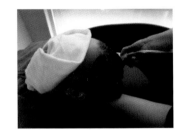

6. 모발을 짜듯이 눌러 물기를 뺀다

7. 타올로 두피와 모발의 물기를 닦고, 귀와 페이스 라인 등을 닦아준다.

8. 타올로 모발을 감싸 올린 뒤 어깨를 받쳐서 고객을 일으킨 후 자리로 안내한다.

2) 좌식 샴푸

샴푸대가 아닌 관리 의자에서 고객이 앉은 상태로 샴푸하는 방식으로, 모발에 소량의 물을 적신 후 샴푸를 도포하여 세정한다.

1. 고객을 자리로 안내해 관리 의자에 앉힌 후 어깨에 타올을 덮는다.

2. 모발을 브러싱한 후 모발과 두피에 분무기를 이용하여 물을 충분히 적신다. 단, 물이 흘러내리지 않도록 너무 많이 분무하지 않는다.

3. 두부를 4등분으로 나누고, 두피에 샴푸를 도포한 후 다시 분무한다.

4. 거품을 많이 생성하여 두피와 모발을 샴푸한다. 두정부 → 측두부 → 후두부와 헤어라 인을 따라 사이드 부분을 샴푸한다(모발을 가지런히 정리하고, 헤어라인 밖으로 샴푸 액이 흐르지 않도록 주의하면서 샴푸한다).

5. 샴푸대로 이동하여 샴푸액을 깨끗이 헹군 후 두피와 모발을 건조시킨다.

6. 드라이

샴푸 후에는 젖은 두피와 모발을 잘 말려주어 비듬이 생기거나 세균이 번식하지 않도록 한다. 타올과 드라이기기를 이용하여 두피와 모발을 말려준다.

1) 타올 드라이

머리를 감고 난 뒤 수건으로 모발을 감싼 후 눌러주듯이 물기를 제거한다. 모발을 비비거나 털어내면 모발에 손상이 갈 수 있으니 주의한다. 가볍게 물기만 제거한 후 드라이 기기를 이용하여 꼼꼼하게 말려준다.

2) 드라이 기기

타올 드라이 후 두피 주변부터 찬바람을 이용해서 가볍게 말린다. 두피가 모발에 덮여있기 때문에 모발을 들어 올려 꼼꼼하게 두피 전체를 잘 말려준다. 모발은 뿌리 쪽부터 가볍게 말려준다.

손을 이용한 샴푸 방법 외에도 수압을 이용해 매뉴얼테크닉 효과를 주면서 좀 더 꼼꼼하게 두피 세정을 할 수 있는 샴푸용 기기들도 있다.

1) 워터펀치

수압과 수류, 진동을 이용한 두피의 노폐물을 제거하는 세정기로 Scalp punch, Aqua punch 등 종류가 다양하며, 건강하지 못한 두피의 환경을 개선하기 위한 업소용 두피 세정기이다. 또한 안전하고 확실환 맥동류수 발생장치로 1분당 1,800회의 파동을 주어 물살 회전과 수압을 이용한 두피근육운동의 효과와 모공을 완전히 열어주어 모근의 호흡 작용을 돕고 영양 물질이 흡수될 수 있도록 준비하며, 그 위에 1초에 약 30회 맥동하는 제트 수류의 기분 좋은 자극이 상쾌함과 릴렉스 효과를 생성한다. 물의 온도와 세기를 적당히 조절하여 두피가 손상되지 않도록 시술하고 두피 상태에 맞는 수압과 사용량을 선택하며, 두피의 건강 상태, 모발의 길이에 따라 강약을 조절한다.

2) 자동 샴푸기

펌이나 염색 시술 후 두피와 모발의 시술용제의 잔여물을 깨끗하게 세정함과 동시에 음이온을 이용한 기기도 내장되어 있어 스트레스 해소와 두피 노화까지 관리해 주는 신개념의 세정기기이다.

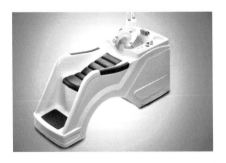

4절 두피 매뉴얼테크닉

1. 목적

두피 관리실에서 행해지는 두피 관리는 두피 세정과 두피의 혈액 순환, 모발의 영양 공급을 목적으로 행해지고 있다. 두피에 붙어 있는 각질이나 노폐물 제거를 위해서는 화학적 방법과 손을 이용한 매뉴얼테크닉이나 두피 기기를 활용하여 두피의 혈행을 촉진시키는 물리적 방법이 있다.

두피 매뉴얼테크닉의 목적을 2가지로 분류하면

첫째는, 예방법으로 올바른 두피 세정과 손이나 기기를 활용한 두피 혈행의 증가, 피지선의 활성화, 세포신진대사 증가, 외부 환경으로부터의 두피를 보호함으로써 두피의 건강함을 유지시켜 주는 데 목적이 있다.

둘째는, 건성 두피나 지성 두피 등의 두피 상태를 개선하는 방법과 예민 두피, 지루성 두피 등과 같은 문제성 두피 상태를 교정하고 완화시켜 각화 주기를 정상화시키는 데 목적이 있다.

2. 효과

① 두피의 철저한 클렌징(스케일링) ② 죽은 각질과 불순물 제거
③ 피지선의 활성화 ④ 두피 혈행 촉진
⑤ 탈모 예방 ⑥ 두피 영양 공급
⑦ 세포신진대사 증가 ⑧ 모발의 성장 촉진

▣ 응용 두피 매뉴얼테크닉

1. 인디언 헤드 마사지

인디언 헤드 마사지는 인도 여자들에 의해 전해져 내려온 자연 치유법의 하나이다. 인도 여성들은 부드럽고 윤기가 흐르는 모발이 아름다움의 상징이었으므로 허브, 오일 등을 사용하여 모발의 성장을 촉진하고 탈모와 백색모를 예방하였다.

인디언 헤드 마사지라 불리는 샴피사지는 수 세기 동안 인도에서 사용되었다. 일반적으로 몸에 오일을 바르는 이 마사지는 champi(샴피) 또는 maalis(말리스)라고 부른다. 영어로 Sampoo(샴푸)는 1792년부터 사용된 용어로 '마사지를 하다'란 뜻을 의미한다.

앵글로 인도에서 파생한 샴푸는 '도포하다, 근육을 주무르다, 마사지하다' 등의 의미를 지닌 힌두어에서 비롯되었으며, 이 단어는 인도에서 전통적으로 향기가 나는 헤어오일을 만들 때 사용하는 Michelia champaca라는 식물의 꽃 champa(샴파)라는 산스크리트어에서 기원하였다.

샴피사지는 이발소에서 헤어컷 후에 머리, 어깨, 팔, 목 등에 실시되었는데 이러한 서비스는 1795년 영국의 브리튼에 세워진 'Mahomed's Indian vapour Baths'라고 하는 샴푸 목욕탕에서 실시되었고, 이 목욕탕은 벵갈 출신 사업가인 sake Dean Mahomed에 의해 설립되었다.

2. 아유르베다식 두피 모발 프로그램

인도 남부 케랄라(Kerala) 지방에서 시작된 아유르베다 테라피(Ayurveda therapy)의 꽃 시로다라(Siro dhara)와 두피 오일마사지, 두피 허브팩 등이 명상 음악과 함께 어우러지는 신개념 스칼프 테라피(scalp therapy)이다.

① 시로다라(Siro Dhara)

아유르베다에서 불면증, 기억력 감퇴, 집중력 저하, 신경정신과적 질환 등은 와타도샤의 불균형과 밀접한 관련이 있다. 만병의 근원으로 지목되는 스트레스는 이러한 와타도샤의 불균형을 해소하는 테라피를 필요로 한다. 이마에 따뜻한 오일을 흘려주는 시로다라는 스트레스, 탈모, 불면증 등 와타도샤의 불균형으로 인한 문제들을 해소하기 위해 아유르베다에서 가장 많이 사용되는 요법 중의 하나이다.

② 시로 압비얀가(Siro abhyanga) & 허브 팩

엑스펠라 콜드 프레스 오일(Expeller cold press oil)과 18가지 에센셜 오일을 체질에 따라 블랜딩하여 두피마사지를 실시하는 시로 압비얀가는 샴피사지(champisage) 또는 인디언 헤드마사지(Indian head massage) 등으로 불리기도 한다. 관리 후 아유르베다 체질, 두피 모발 상태에 따라 처방된 허브 파우더를 활용하여 두피팩을 실시함으로써 아름답고 건강한 두피와 모발뿐만 아니라 스트레스 해소, 기억력 및 집중력 증진 등 다양한 효과를 제공한다.

③ 스칼프 믹싱 프로그램

체질에 따른 아유르베다 처방 허브와 오닉스, 오일을 사용하여 어깨, 등 관리와 두피·모발 관리를 동시에 실시한다. 정신적, 육체적 스트레스로 인한 탈모와 비듬, 펌이나 컬러링 등 물리/화학적 자극에 의해 손상되고 약화된 모발 등 다양한 두피·모발 문제를 해결하기 위한 프로그램이다.

3. 오닉스를 활용한 두피 매뉴얼테크닉

① 오닉스(Onyx)의 의미

오닉스(Onyx)는 마노라고 일컬으며, 보석으로 분류된다. 수정 형태의 잠정질 물질인 Onyx(마노)의 우주적 파장을 활용하여 명상, 크리스탈테라피, 마사지테라피 등 다양한 형태의 테라피로 표현된다.

② 오닉스(Onyx)의 역사

최초의 이스라엘 사제였던 아론(Aron)은 홍옥수(camelian)를 가슴받이(제사장이 가슴에 다는 네모꼴의 천)로 사용하였다. 천사들이 솔로몬 왕에게 흙, 공기, 불, 물 등을 상징하는 크리스탈을 선물로 바쳤다고 하며, 이슬람 문화에서는 메카의 블랙스톤을 현세에 나타난 신의 오른손으로 여겨 가장 신성한 존재로 숭배했다.

③ 오닉스(Oynx)의 형성

지구 내부의 열에 의해 녹은 마그마가 높은 압력을 받다가 지각의 약한 곳을 뚫고 온도와 압력이 낮은 지표 쪽으로 이동하여 형성된 오닉스는 굳는 속도에 따라 다양한 성질과 모양을 형성하게 된다. 오닉스의 형태 및 컬러는 암반이 지니고 있는 미네랄의 화학적 구성 및 단위면적당 총량에 의해 결정되며 고대로부터 힘의 상징, 지위와 부의 증거, 사랑과 애정의 상징, 부정을 막는 호신부, 창조와 치유의 도구로 사용되었다.

④ 오닉스(Onyx)의 치유 원리

• 피에조 엘렉트릭(Piezoelectric) 파동 원리

오닉스는 파동에너지에 대한 연금술사와 과학자들의 연구 결과 오닉스의 내부 구조가 완벽하게 반복되는 패턴을 지니고 있는 것으로 밝혀졌다. 이러한 내부 구조의 패턴은 피에조 엘렉트릭 파워에 의한 파동에너지를 형성함으로써 인체 스스로의 에너지가 최적화 될 수 있도록 회복시켜 즉각적인 신체 하모니를 증가한다.

• 오닉스의 컬러에너지

컬러의 파동은 다양한 치유 능력을 지니고 있으며, 미세에너지의 집합체인 오라(aura)와 에너지 통로인 경락 등을 강화하고, 신체 곳곳의 에너지 생성 포인트인 차크라 등과 생명에너지인 기, 프라나 등을 강화한다.

◀ **오닉스 마사저 onyx massager** : 그립(grip) 형태

◀ **오닉스 스크러버 onyx scruber** : 플랫(flat) 형태

3. 두피 매뉴얼테크닉 순서

1) 손을 이용한 매뉴얼테크닉

체질에 맞는 오일을 활용하여 두피뿐만 아니라 경부, 어깨, 견갑부, 상완부까지 매뉴얼테크닉을 실시한다.

◆ 준비 동작

고객을 편안한 자세로 앉게 한 후 각 부위별로 3~5초간 실시한다.

1. 양손을 비벼서 열을 낸 후 귀를 감싸준다.

2. 양 손바닥으로 전두부와 후두부를 동시에 감싸주고, 이어서 양 측두부를 감싸준다.

3. 양손을 포개서 두정부를 감싼다.

◈ 이완 동작

스트레칭을 통해 경직된 목과 어깨의 근육을 이완시켜 긴장을 풀게 한다.

1. 측경부 좌우 스트레칭

　한 손은 어깨부위, 한 손은 측두부를 잡고 서로 반대 방향으로 당기듯 이완시켜 준다.

 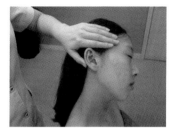

2. 전경부 스트레칭

　한 손은 대추혈❷, 한 손은 후두부를 잡고 서로 반대 방향으로 당기듯 이완시킨다.

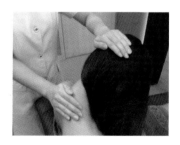

3. 후경부 스트레칭

　한 손은 이마, 한 손은 뒷목을 받쳐 잡고, 머리를 천천히 젖혀서 이완시킨다.

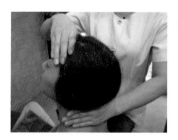

❷ 대추혈 : 경추 7번 극돌기의 바로 밑에 위치한 혈자리로 고개를 앞으로 숙였을 때 가장 튀어나온 목뼈 아래

4. 전체 쓰다듬기

양 손바닥으로 두정부 · 측두부 · 어깨~상완[26]부까지 부드럽게 쓰다듬기 한다.

양 손바닥으로 두정부 · 후두부 · 어깨~상완부까지 부드럽게 쓰다듬기 한다.

◈ 본 동작

오일을 목, 어깨, 상완, 견갑[27] 부위에 바르고, 천천히 3회씩 마사지를 실시한다.

1. 오일 바르기

양 손바닥으로 목, 어깨, 상완부, 견갑 부위에 오일을 천천히 바른다.

  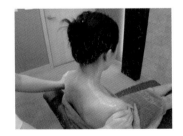

---

[26] 상완 : 위팔로, 어깨에서 팔꿈치까지의 부분
[27] 견갑 : 어깨뼈가 있는 자리

2. 측경부에서 어깨선까지 쓰다듬기

수근 부위나 주먹을 선택하여 고객의 체질이나 마사지 강도에 맞게 실시한다.

1) 수근[28] 부위로 쓰다듬기

– 한 손을 이용하여 견정혈[29]~유양돌기[30]까지 천천히 쓰다듬기 한다(반대편까지 반복 실시).

– 양손을 동시에 이용하여 견정혈~유양돌기까지 쓰다듬기 한다.

2) 주먹으로 쓰다듬기

– 한 손을 이용하여 견정혈~유양돌기까지 천천히 쓰다듬기 한다(반대편까지 반복 실시).

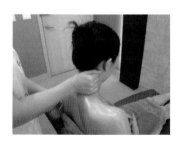 

[28] 수근 : 손에 있는 근육의 총칭. 주로 손목에 인접한 손바닥 부위의 근육들로 모지근, 소지근, 중수근이 이에 속한다.
[29] 견정혈 : 어깨 위의 가장 위쪽 부분으로 팔을 펴면 오목하게 들어가며 삼지로 눌렀을 때 중지가 닿는 곳
[30] 유양돌기 : 외이도 뒤의 아래쪽에 있는 엄지손가락 끝만 한 크기의 둥그스름한 돌기

– 양손을 동시에 이용하여 견정혈~유양돌기까지 쓰다듬기 한다.

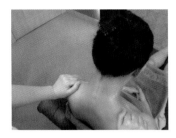

3) 전체 쓰다듬기

위의 동작이 끝난 후 연결해서 다시 측경부~상완부까지 양 손바닥으로 쓰다듬어 준다.

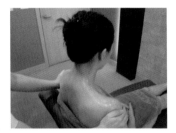

3. 승모근 집어주기(고객의 체질이나 마사지 강도에 따라 손동작을 선택해서 실시한다)

① 양 엄지와 검지를 이용하여 승모근 부위를 집어주듯이 주무른다(카파 체질 적합).

② 양 수근 부위를 이용하여 승모근 부위를 집어주듯이 주무른다(피타 체질 적합).

③ 양 호구 부위^㉛를 이용하여 승모근 부위를 집어주듯이 주무른다(와타 체질 적합).

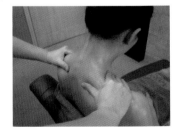

㉛ 호구 부위 : 엄지와 검지 사이 우묵하게 갈라진 부분. 아귀

4. 승모근 문지르기

양 엄지와 수근 부위로 승모근을 앞쪽으로 밀어주듯이 문지른다(고객의 체질이나 마사지 강도에 따라 손 동작을 선택해서 실시한다).

1) 엄지로 문지르기(카파 체질 적합)

양 엄지로 승모근을 따라 어깨 뒤쪽에서 어깨 앞쪽으로 밀어주듯이 문지른다.

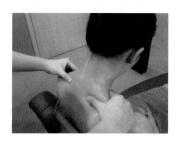 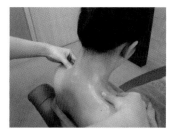 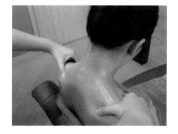

2) 수근부로 문지르기(피타와 와타 체질 적합)

양 수근부로 승모근을 따라 어깨 뒤쪽에서 어깨 앞쪽으로 밀어주듯이 문지른다.

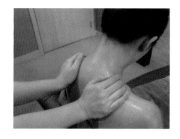 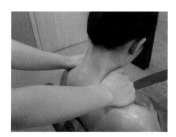

5. 어깨와 상완 부위 문지르기

① 양 주먹으로 견봉❷을 굴리듯이 문지른다.
② 양 주먹으로 상완부를 문지른다.

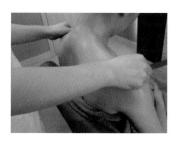 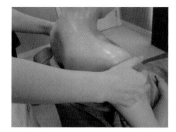

❷ 견봉 : 견갑골의 외측, 어깨의 꼭대기

6. 상완부 주무르기

양 수근 부위로 상완부를 움켜잡듯이 주무른다.

7. 견갑 부위 쓸어 올리기

엄지, 수근부, 사지, 주먹을 이용하여 견갑부 전체를 승모근 앞쪽으로 쓸어 올린다(고객의 체질이나 마사지 강도에 따라 손동작을 선택해서 실시한다).

1) 엄지로 쓸어 올리기(피타 체질, 카파 체질 적합)

양 엄지를 이용하여 견갑부 전체를 승모근 앞쪽으로 쓸어 올려준 후 상완부에서 마무리한다.

2) 수근부로 쓸어 올리기(와타 체질 적합)

수근부를 이용해서 견갑부 전체를 승모근 앞쪽으로 쓸어 올려준 후 상완부에서 마무리한다.

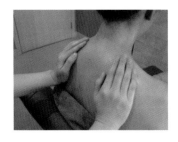  

3) 사지로 쓸어 올리기(피타 체질, 카파 체질 적합)

 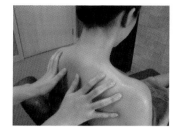 

4) 주먹으로 쓸어 올리기(카파 체질 적합)

주먹으로 견갑부 전체를 승모근 앞쪽으로 나선형으로 굴려준 후 상완부에서 마무리한다.

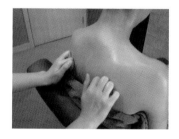 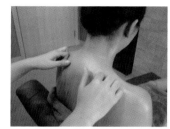 

8. 두드리기

소지[33]와 주먹 측면을 이용해서 측경부 → 승모근 → 견갑부 → 척추기립근[34]을 따라 가볍게 두드린다(고객 체질이나 마사지 강도에 따라 손동작을 선택해서 실시한다).

1) 소지 측면으로 두드리기(와타 체질 적합)

양쪽 소지 측면을 이용하여 측경부 → 승모근 → 견갑부 → 척추기립근 순서대로 가볍게 두드린다(반대편 동일하게 실시).

 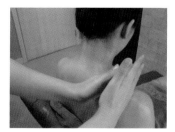 

---

[33] 소지 : 새끼손가락
[34] 척추기립근 : 척추의 양 옆을 따라 길게 뻗은 강한 근육

2) 주먹으로 두드리기(피타 체질 적합)

주먹 측면을 이용해서 측경부 → 승모근 → 견갑부 → 척추기립근 순서대로 가볍게 두드린다(반대편 동일하게 실시).

 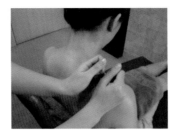 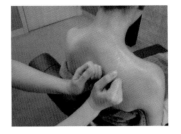

3) 소지 측면으로 동시에 두드리기(카파 체질 적합)

소지 측면을 이용하여 양쪽 측경부 → 승모근 → 견갑부 → 척추기립근 순서대로 동시에 두드린다.

 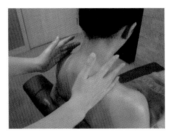 

9. 옆 목 주무르기

사지, 수근부, 주먹 등을 이용해서 옆 목을 집어 올리듯 주무른다.

1) 사지로 주무르기

① 사지를 이용하여 옆 목을 집어 올리듯 주무른다.

② 사지를 이용하여 뒷목을 집어 올리듯 주무른다.

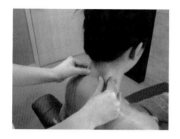 

2) 수근부와 주먹으로 주무르기

① 수근부를 이용하여 옆 목 부위를 집어 올리듯 주무른다.

② 주먹을 이용하여 뒷목을 집어 올리듯 주무른다.

3) 반죽하기

양손 사지를 이용해서 뒷목선을 상하좌우로 반죽한다.

10. 전체 쓰다듬기

양 손바닥으로 견정혈 → 유양돌기까지 천천히 쓸어준 후 측경부에서 상완부까지 쓰다듬기로 마무리한다.

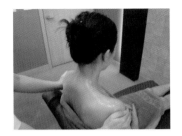

◈ 두피 매뉴얼테크닉

1. 오일 바르기

오일을 손바닥에 덜어 두피와 모발을 부드럽게 쓸어주듯이 펴 바른다.

2. 전발제(헤어라인) 압하기

양 사지로 앞머리 헤어라인을 따라 귀 앞(이문혈[35])까지 지긋하게 눌러준다.

---

[35] 이문혈 : 귓구멍 바깥쪽 뼈와 붙은 지점. 신경이 가득 분포되어 있다.

3. 지그재그 문지르기

사지의 지문 부위를 두피에 최대한 밀착시켜 지그재그 모양으로 문지르기 한다.

검지와 중지의 지문 부위를 두피에 최대한 밀착시켜 지그재그 모양으로 문지르기 한다.

4. 쓰다듬기

손가락으로 부드럽게 모발을 정리하듯이 쓸어준다.

5. 두피 롤링하기

양 사지의 지문 부위로 측두부에서 두정부까지 나선형으로 둥글리듯이 문지르기 한다.

6. 모발 당기기

1) 엄지와 검지로 당기기

양 엄지와 검지로 모발을 집어주듯 당겨준다.

2) 사지로 당기기

양 사지로 모발을 움켜잡듯이 당긴 후 모발을 쓰다듬어 정리한다.

7. 두피 두드리기

양 소지 측면으로 두피 전체를 가볍게 두드린 후 양 손바닥을 겹쳐서 두정부 주위를 가볍게 두드려준다.

8. 두피 전체 압하기

양 사지 지문 부위로 두피 전체를 위에서 아래로 지긋이 눌러준 후 모발을 부드럽게 쓰다듬어 정리한다.

9. 귀 마사지

① 양 엄지와 검지로 귓바퀴 전체를 나선형 모양으로 문지른다.

② 손바닥으로 귀를 앞뒤로 접었다 폈다 반복해준다.

  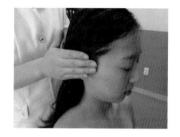

10. 마무리(머리 전체 양방향으로 돌려주기)

① 양 측두부를 손바닥으로 맞잡고 한쪽 방향으로 3회씩 천천히 돌리면서 목을 이완시킨다.

② 반대편도 실시한다.

오닉스를 활용하여 두피와 어깨, 견갑부, 상완부의 근육을 이완시키고, 혈액 순환을 원활하게 해준다.

1. 귀 굴려주기

양손으로 오닉스를 잡고 귀 전체를 천천히 굴리듯이 문지른다.

2. 전체 쓰다듬기

양손으로 오닉스를 잡고 측경부 → 승모근 → 능형근 → 상완부를 천천히 쓰다듬어 준다.

 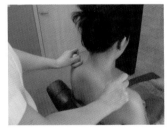 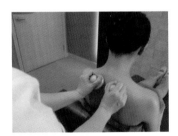

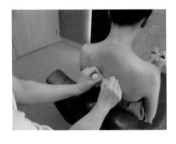 

3. 견갑부 문지르기

1) 견갑부 상하좌우 문지르기

양손으로 오닉스를 잡고 견갑 부위 전체를 상하좌우로 문지른다.

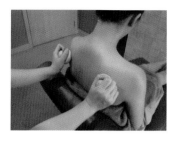 

2) 견갑부 나선형 문지르기

양손으로 오닉스를 잡고 견갑부 전체를 둥굴리듯이 위로 문지른다.

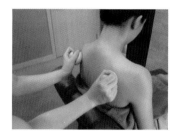 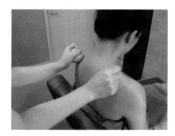

4. 척추기립근 쓰다듬기

양손으로 오닉스를 잡고 척추기립근을 따라 아래에서 후발제까지 쓸어 올린 후 지긋하게 눌러준다.

※ 오닉스 받침 이용 시 한쪽씩 마사지하고, 반대편을 반복 실시한다.

5. 오닉스 받침용(Onyx scruber : flat 형태)

고객의 체질이나 마사지 강도에 따라 오닉스 플랩 형태의 오목한 부분과 편평한 부분을 선택해서 사용한다. 오목한 부분은 피부에 닿는 강도가 더 강하므로 순환이 잘 안 되고 지방이 더 두터운 카파 체질 등에 사용하고, 강한 마찰을 싫어하는 고객이나 마른 체형의 와타 체질인 경우는 편평한 부분을 이용해서 부드럽게 문지른다.

1) 오목한 부분으로 쓸어주기(피타 체질, 카파 체질)

한 손은 반대편 어깨를 잡고 오닉스 받침을 이용해서 승모근-측경부를 따라 쓸어 올려준 후 상완 부위 전체를 쓸어준다(반대편도 반복해서 실시한다).

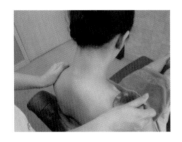  

2) 편평한 부분으로 쓸어주기(와타 체질)

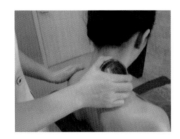 

6. 등 부위 문지르기

양손으로 오닉스 플랩 형태를 잡고 견갑골과 능형근을 가로/세로 방향으로 문지른 후 반대편도 반복한다.

1) 견갑골 문지르기

견갑골을 가로/세로 방향으로 짧게 문지른다.

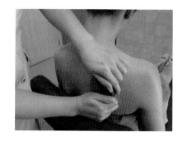  

2) 능형근 문지르기

능형근을 가로/세로 방향으로 문지른다.

7. 견갑부위 전체 쓸어주기

견갑부 전체를 아래에서 위쪽 방향으로 길게 쓸어 올려준다.

8. 뒷목 전체 쓸어주기

뒷목 부위 전체를 위쪽 방향으로 쓸어 올려준다.

9. 대추혈 압하기

대추혈 부위를 둥글리듯 문지른 후 지긋하게 누른다.

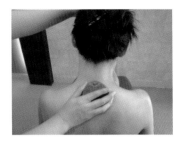

1. 전체 쓰다듬기

양 사지를 이용하여 번갈아 가며 두피 전체를 빗질하듯 쓸어준다.

2. 전발제(헤어라인) 쓰다듬기

① 오닉스를 이용해서 헤어라인을 따라서 천천히 쓸어 내려준다.

② 귀 전체를 천천히 굴리듯 문지르다가 지긋하게 눌러준다.

3. 두피 쓰다듬기

오닉스를 이용해서 두피 전체를 쓸어준다.

4. 두피 문지르고 압하기

오닉스를 이용해서 두피 전체를 나선형 모양으로 둥글리며 지긋하게 눌러준다.

5. 두피 쓰다듬기

① 오닉스를 이용하여 두피 전체를 쓰다듬기 한다.

② 양 사지로 모발을 정리한다.

6. 두피 바이브레이션

양 수근 부위를 두피에 밀착시켜 진동을 주면서 쓸어준다.

7. 주먹으로 쓰다듬기

양손 지과면을 이용해서 두피 전체를 쓸어준다.

8. 귀 마사지

① 사지로 귀 앞 부분을 천천히 굴려준다.

② 귓바퀴를 잡고 당겨준다.

 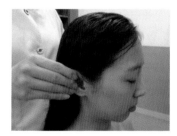

9. 전체 쓰다듬기

양 손바닥으로 두정부에서 상완부까지 전체 쓰다듬어 마무리한다.

1) 고주파기(뷰티콤)

뷰티콤은 고주파(1초당 100,000 사이클 이상의 교류 전류)가 조직 내 심부열을 발생시켜 세포의 활성을 높이는 동시에 진정 및 자극의 생리적 효과를 가져온다. 브러시 형태의 유리 전극을 통과할 때 테슬라 전류라는 미세한 자색 섬광을 발생시켜 근육의 수축 없이 온열 또는 고열을 발생시키고, 두피에 오존을 형성시켜 살균, 소독, 진정 효과가 나타나며 두피의 미세 순환 개선, 모세혈관 자극, 비듬 제거, 두피의 세포 조직 강화에 효과가 있다.

▲ 그림8) 고주파기

2) 저주파기

10KHz(1~1,000Hz) 이하의 교류 전류를 이용하여 근육의 통증 및 신경조직을 자극하고 진정시켜 주며, 혈액 순환을 촉진시켜 피지 및 땀의 분비를 조절하여 두피 정상화와 함께 면역력을 증가시킨다. 또한 미세 진동에너지를 이용하여 노쇠한 세포나 활동성이 저하된 세포를 자극하여 두피와 피부에 림프 순환과 피부 구조를 정상적으로 재구성(생체 자극, 약물 침투)한다.

▲ 그림9) 저주파기

3) 진동기

고타 진동기로서 손마사지의 고타법 효과와 비슷하며, 적외선과 동시에 사용이 가능하다. 초당 진동수는 전류량과 관계가 있는데, 각 탭은 매 사이클마다 50Hz의 주파수로 초당 100번 정도의 탭이 생긴다. 헤드는 스펀지나 스파이크 같은 것을 끼워 사용할 수 있도록 되어 있고, 강도 조절로 탭의 증감을 조절해서 두피 조직에 맞게 관리할 수 있도록 되어 있다. 손으로 가볍고 잡고 사용하며 휴대가 간편하고, 사용이 편리하다. 그리고 관리 시간은 고객의 상태에 따라 약 1~15분으로 하고, 마사지 시 온열 효과로 두피를 자극하여 혈액 순환을 촉진시키고 피지 생성을 도와 두피를 윤택하게 한다.

2차 클렌징(딥클렌징)

두피마사지를 통해 두피의 혈행을 촉진하고, 피지선의 기능을 활성화시키는 등 두피의 전반적인 신진대사 작용이 이루어진 후 체질에 따른 천연 재료를 이용하여 허브 헤어팩 딥클렌징을 실시한다. 1차 클렌징(cleansing)이 일반적인 오염물의 전반적인 제거 과정이었다면 2차 클렌징인 딥클렌징(deep cleansing)은 모공 속에 남아있는 여분의 피지 분비물을 제거하는 과정이라고 할 수 있다.

1. 2차 클렌징(딥클렌징)의 목적

두피마사지 이후에 실시하는 2차 클렌징은 딥클렌징으로, 천연 성분을 이용한 헤어팩을 통하여 모공에 남아있는 여분의 피지 성분을 제거하거나 부족한 영양 성분을 공급함으로써 보다 건강한 두피 상태를 유지할 수 있도록 하는 데 목적이 있다.

딥클렌징 단계는 두피마사지 직후 손이나 기기 관리를 통해 두피 상태가 가장 활성화되어 있을 때 실시하는 것이 효과적이다.

2. 팩의 성분

아유르베다식 체질 관리를 이용한 두피 유형별 헤어팩은 100% 천연 재료인 허브 분말을 사용한다. 합성 성분으로 이루어진 기능성 화학 물질로 되어있는 팩을 사용할 수도 있지만, 자연 속에서 만들어진 천연 허브에는 수백 가지 성분의 자연 속 화학 물질의 조합으로 인체에 보다 자연스러운 밸런싱 효과를 줄 수 있다.

즉, 두피상태에 따라 천연허브 성분을 유형별로 블랜딩하여 사용함으로써 건강한 두피 상태의 밸런스를 도와줄 수 있다.

3. 체질별 처방 레시피와 방법 소개

천연 허브는 건조하여 고운 분말 상태로 만들어 보관하며, 사용 직전 미지근한 물을 적당량 섞어 묽은 페이스트 상태로 만들어 사용한다.

다음 목적에 따라 고객의 체질에 맞는 허브를 선택하여 블랜딩한 후 사용하면 된다.

허브의 총량은 고객의 머리 길이에 따라 1회 30~100g 정도를 사용하며, 고객의 상태에 따라 구성하는 허브의 종류와 비율을 조절할 수 있다.

① 모발 및 두피 세정을 위한 허브

도샤	허브
바타	트바크(Tvak), 쿠쉬타(Kushtha)
피타	쿤쿠마(Kukuma), 사리바(Sariva), 무쉬타카(Mushtaka)
카파	쿠쉬타(Kushtha), 무쉬타카(Mushtaka), 트바크(Tvak),

② 탈모증을 막아주는 허브

도샤	허브
바타	나리켈라(Narikela), 아그니만타(Agnimantha), 브루하티(Bruhati)
피타	나리켈라(Narikela), 자파(Japa), 파톨라(Patola)
카파	푸나르나바(Parijataka), 샤티(Shathi), 카란자(Karanja)

③ 비듬 방지를 위한 허브

도샤	허브
바타	님부카(Nimbuka), 메티카(Methika)
피타	틸라(Tila), 야쉬티마드(Yashtimadhu)
카파	메티카(Methika), 님부카(Nimbuka)

● 사용법

허브페이스트 만들기
• 포장 안에 있는 볼(Bawl), 스파츌라, 팩 붓 등을 꺼낸다.
• 필요한 양만큼(여성의 단발머리 : 40g 기준) 허브 파우더를 볼에 덜어 놓는다.
• 떠 먹는 요거트 정도의 묽기가 되도록 미지근한 물을 붓는다.
• 팩 붓으로 잘 저어 모발에 바를 수 있도록 준비한다.

4. 헤어팩 순서

1. 두피 타입에 맞는 허브 파우더를 준비한 후 물에 잘 개어 두피와 모발에 바르기 적당한 농도로 섞는다.

2. 정수리 부분부터 2cm 간격으로 양 측두부의 두피와 모발에 허브팩을 꼼꼼히 바른다. 측면의 헤어라인 부분에도 촘촘하게 바른다.

3. 후두부의 두피와 모발에도 허브팩을 꼼꼼하게 바른다.

4. 팩을 다 바른 후 모발을 가지런히 모아서 헤어캡을 씌우고, 두피와 모발에 영양이 잘 흡수되도록 10분~15분 가량 적용한다.

6절 2차 세정(샴푸, 린스)

1. 샴푸

두피 매뉴얼테크닉과 2차 클렌징(헤어팩)을 시행한 후에는 두피와 모발에 묻어 있는 오일과 허브 파우더를 제거하기 위해 샴푸를 한다. 샴푸 과정은 3절의 샴푸 테크닉과 동일하다.

2. 린스

린스는 샴푸한 후에 모발의 엉킴과 정전기를 방지하기 위하여 모발의 표면을 코팅해서 부드럽게 만들어주는 제품이다. 린스는 본래 '씻다, 헹구다'라는 의미로, 중앙아프리카나 아랍인들이 더위로 모발이 건조하고 부석거리며 부스러지자 모발을 보호하기 위해 버터를 바르는 것으로부터 유래하였다.

린스는 모발 보호 및 손상 복구 등을 위해 사용하기 때문에 린스 대신 헤어트리트먼트를 하거나 특별히 린스가 필요하지 않은 상태의 모발에는 생략할 수도 있다. 린스가 모발 표면을 감싸 정전기를 억제하고 드라이의 열로부터 모발을 보호하는 역할을 한다면, 트리트먼트는 모발 표면을 코팅하면서 영양 성분이 모발 안에 스며들어 부족하기 쉬운 영양을 공급, 큐티클을 보호하는 측면이 더 강하다. 최근에는 린스제의 성분이 강화되어 트리트먼트와 차이가 거의 없어지고, 두 개의 효능이 합쳐진 경우도 많다.

1) 린스의 목적 및 필요성

샴푸의 주요 성분인 세정제는 모발의 유분기를 제거하여 모발을 건조하게 만들고, 알칼리성이라 산성인 모발과 pH 균형이 맞지 않아 큐티클 구조가 느슨해지고 팽윤되어 거칠어진다. 이런 상태의 모발은 외부 환경으로부터 손상되기 쉽기 때문에 샴푸 후 모발에 남아있는 알칼리 성분을 제거하여 모발이 엉키는 것을 방지하고, 유성 성분을 모발에 공급해 브러싱에 의한 정전기 발생을 막아주는 것이 바로 린스의 역할이다.

▶ 린스제의 효과
- 모발에 광택을 주고 부드럽게 한다.
- 정전기 발생을 방지하며, 머리를 단정하게 한다
- 샴푸나 비누 세발 후 남아있는 알칼리 성분을 중화시키거나 pH 균형을 맞춘다.
- 샴푸 후 과도한 피지 제거 등으로 모발이 손상되는 것을 막고 모발을 보호한다

2) 린스의 주요 성분

린스는 모발에 충분한 유·수분을 공급하여 광택을 유지하고, 갈라진 모표피의 손상을 예방하고 복구한다. 린스제는 여러 가지 성분으로 구성되어 있는데, 특히 양이온 계면활성제를 사용한 린스제가 일반적으로 많이 사용되고 있다. 양이온 계면활성제는 샴푸❸ 후 모발에 남아 있는 알칼리 성분을 중화하여 모발을 단정하게 하고, 음이온을 띤 모발과 반응하여 모표피에 부드럽고 얇은 막을 형성해서 마찰이나 브러싱에 의한 정전기 발생 억제 작용도 한다. 또한 유분이 포함된 컨디셔닝 성분들을 함유하고 있어 모발의 표면을 윤기 나게 해준다. 콜라겐, 엘라스틴, 보습제, 모이스춰라이저, 유성 성분 등은 모발 보호 및 보습, 탄력 강화, 광택 등을 준다. 이 밖에도 방부제, 유화제, pH 조절제, 향료 등의 성분이 포함되어 있다.

3) 린스의 방법 및 주의점

린스제는 두피에 사용하는 것이 아니라 모발에 사용하는 제품이다. 그러므로 린스 사용 시 모발에만 적용하도록 한다. 린스의 주요 성분인 양이온 계면활성제는 두피 자극이 강하므로 두피에 린스제가 닿지 않도록 주의해야 한다. 모발 끝에서부터 도포하여 두피와 2~3cm 가량 떨어진 부분까지만 적용하고, 헹굼 시에도 두피에 닿지 않게 주의한다.
모발 관리 고객의 경우에는 주로 크림 타입의 린스를 사용하며, 두피 관리 고객의 경우는 희석 형태의 액상 린스나 헹구어 내지 않는 린스를 사용하기도 한다.

❸ 물에 용해시킬 경우 수용액 중에서 이온 해리하며, 음이온 부분이 계면활성을 나타내는 활성제

4) 린스 순서

샴푸가 끝난 후 린스제를 도포하여 모발에만 적용하고 깨끗이 헹군다.

1. 린스제를 두피에 닿지 않도록 주의하면서 모발 끝부터 골고루 도포한 후 모발에 린스
   제가 충분히 묻도록 주무른다.

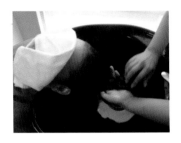 

2. 가볍게 헹군 후 물기를 꼭 짜준다.

3. 타올로 헤어라인, 귀 등을 닦고 두피 모발을 감싸 지그시 짜주면서 물기를 제거한다.

 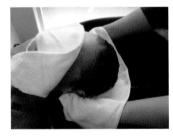 

4. 타올로 모발을 감싸 올린 뒤 어깨를 받쳐서 고객을 일으킨 후 자리로 안내한다.

5. 타올과 드라이기기를 이용하여 두피와 모발을 잘 건조시킨다.

두피 · 모발을 위한 영양 공급

스케일링에서 매뉴얼테크닉, 헤어팩까지의 두피 · 모발 케어의 과정을 마치고 두피와 모발의 상태가 청결하게 정리되었다면 마지막으로 현 상태의 두피와 모발에 적합한 제품을 도포하여 영양 공급을 해준다. 두피에는 타입에 맞게 피지 조절, 보습 강화 혹은 비듬, 염증 관리를 위한 앰플 등을 투여하고, 탈모 예방을 위한 헤어토닉을 한다. 모발에는 보습 및 탄력 강화를 위한 에센스 등을 적용해준다. 에어 스티머나 원적외선 기기 등을 사용하면 영양 공급을 위한 제품이 두피 · 모발에 더 잘 흡수되는 데 효과적이다.

1. 영양 공급의 목적 및 필요성

두피 관리는 두피를 건강하고 아름답게 유지하기 위한 것으로, 혈액 순환을 촉진시켜 두피의 생리 기능을 원활하게 해주고, 탈모와 비듬을 예방하며 모근에 자극을 주어 모발 성장 발육에 도움을 준다. 두피 · 모발의 집중 관리를 통해 두피 · 모발의 상태가 청결해지고, 두피의 혈액 순환 및 신진대사가 원활해지면 건강한 두피와 모발을 위한 필요 성분들의 두피 · 모발 내 침투가 용이해진다. 두피 관리의 마지막 단계에서 다양한 유효 성분들을 적용하면 두피 · 모발을 청결하게 하고, 비듬 및 가려움증을 제거하며, 모근을 튼튼하게 해준다. 또한 보습 성분은 두피의 염증을 완화하고 두피의 건조를 막아주며, 유분은 모발에 광택과 유연감을 주어 모발을 보호해준다.

2. 영양 공급을 위한 제품

두피와 모발에 영양을 공급해주는 제품으로 헤어토닉, 앰플, 오일, 에센스 등이 있다. 두피에 영양을 주면서 혈액 순환을 촉진시키고 모근을 강화시켜 탈모를 예방하는 제품도 있으며, 비듬이나 가려움증이 있는 두피를 살균하는 제품도 있다.

1) 헤어토닉

헤어토닉은 두피에 도포하여 모발이 잘 자라게 하는 육모제로, 두피에 혈액 순환을 촉진시켜 모모세포의 분열 및 성장을 도와 탈모를 예방하고 영양을 공급하는 제품이다. 토닉은 흔히 멘톨 성분을 사용하여 두피를 시원하고 깨끗하게 하여 청량감을 주고, 비듬과 가려움증을 제거하며 모근과 두피에 집중적인 영양을 공급한다.

2) 영양 앰플

앰플은 모발이나 두피에 집중적인 영양 공급을 하거나 손상된 모발의 즉각적 회복을 위해서 사용하는 제품으로, 고농축 앰플 형태가 많으며 젤이나 스프레이 타입이 있다. 두피 관리의 마지막 단계로 세정 후 타올 드라이를 하고 두피에 골고루 도포한다. 두피 타입에 맞는 영양 앰플이 두피 내에 흡수되면 문제성 두피를 예방하고 탈모 억제 및 모발 재생을 촉진시키는 효과가 있다. 보조적으로 기기를 함께 사용하여 앰플의 두피 내 흡수를 도와준다.

3) 모발 트리트먼트

화학 약품을 이용한 퍼머넌트 웨이브나 염색, 브리지 등의 지나친 미용시술은 모발을 손상시키는 주원인이 된다. 또한 자외선에 모발이 장시간 노출되면 모발의 단백질 성분인 케라틴이 손상되기 때문에 피부와 마찬가지로 모발도 상하게 된다. 이런 요인들로 인한 건조모, 다공모, 손상모 등과 같이 모발이 상한 경우 모발을 정상 상태로 회복시키거나 또는 모발의 건강을 유지할 목적으로 모발에 수분과 영양분을 주고, 피부에 자외선 차단제를 바르는 것처럼 자외선 차단 기능이 포함된 미스트나 에센스를 사용하는 것이 좋다.
모발 트리트먼트의 경우 헹구어 내는 형태와 헹구지 않아도 되는 형태의 제품이 있다. 헹구어 내는 제품의 경우는 보통 마무리 세정 단계에서 린스 대용으로 적용 두피에 묻지 않도록 주의하여 물로 충분히 헹구어낸다. 헹구어내지 않는 제품은 두피 앰플 사용 후 모발에 적용하는 제품으로 관리의 마무리 단계에서 사용한다.

▶ 두피 앰플

모발을 1cm 간격으로 블로킹을 타서 스틱에 영양 앰플을 묻혀 두피에 골고루 도포한다.

▶ 모발 트리트먼트

모발 에센스를 모발에 골고루 분사하여 흡수가 잘 되도록 손으로 매만져준다.

두피 · 모발에 영양을 좀 더 효과적으로 공급하기 위해서 기기의 도움을 받을 수 있다. 영양 성분이 두피와 모발에 빨리 흡수되도록 하거나 혈행을 원활하게 하여 두피 생리를 도와주는 기기이다.

1) 적외선

태양광선 중 적외선은 770~880nm의 파장을 이용하여 피부 30mm 깊이에 침투하여 체온을 올리는 온열 작용과 세포를 자극하여 세포 활동을 촉진시키고, 두피 내의 영양 침투에 따른 피부 흡수를 도와주며 열의 발생은 발생된 열을 식히기 위한 혈액 유입의 증가와 동맥의 확장으로 직접적인 혈행 증가의 효과를 유발한다.

이로 인해 혈액순환개선, 세균 및 박테리아의 증식을 예방, 항 염증효과, 근육이완 작용을 통해 두피 내 독소 및 노폐물을 체외로 배출시킨다.

사용 강도는 7~8레벨, 조사 거리는 두피로부터 일정 거리 (30cm)를 유지하고, 조사 시간은 약 10분 정도씩 부분 조사한다. 두피는 물기 제거 후 조사하여 빛 반사를 방지하고 영양 제품 도포 전에 조사한다.

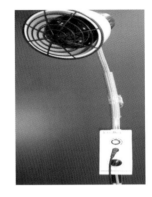

▲ 그림10) 적외선기

2) 갈바닉기

갈바닉 전류는 60% 이상의 수분을 함유하고 있는 두피를 통과할 때 갈바닉 전류인 60~80V의 성질이 다른 음극(−)과 양극(+)의 미세한 직류 전류에 의하여 두피의 유효 성분 흡수를 용이하게 하는 이온토프레시스 관리와 두피의 노폐물을 배출시켜서 제거하는 디스인크러스테이션 관리에 효과적이다.

갈바닉 전류를 이용하여 두피에 음극과 양극 봉의 이온 전류 자극을 주어 모세혈관을 활성화하고, 두피의 혈행을 개선시킴으로써 제품의 경피 흡수율 증가와 노폐물의 배출을 돕는다.

▲ 그림11) 갈바닉기

3) 메조 테라피(메조 건)

소량의 치료 약물(아연, 구리, 프라센타 추출물) 등을 특수한 주사기구인 메조건의 아주 가는 주사바늘을 사용하여 두피층과 피하층에 주사하는 것이다. 보통의 주사와는 달리 수십에서 수백 군데 주사하지만, 아주 가는 바늘로 자동화된 특수 주사기구를 사용하므로 통증이 거의 없으며, 두피 내에 영양을 침투시킴으로써 주사한 부위의 혈액 순환과 림프 순환을 증가시키고 탈모 개선에 효과적이다.

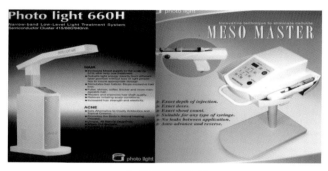

▲ **그림12)** 메조 건

4) 헤어 레이저기(소프트 바이오빔)

레이저는 출력에 따라 고출력과 저출력 레이저로 구분된다. 저출력 레이저 광선을 흡수한 신체 세포들은 광에너지를 화학적인 에너지로 전환시켜 이를 손상된 부위의 치유 및 고통 완화에 이용하게 된다. 저출력 레이저는 1~500mW 정도로 광에너지를 이용하게 되는데, 열을 발생하지 않는 것은 물론 어떠한 다른 손상 없이 피부 표면을 투과하여 광에너지만을 신체 내부로 전달한다.

레이저 단자는 두피에 직접 닿아 레이저 흡수력이 우수하며, 진피 속으로 깊숙이 침투되어 모세혈관의 혈류량과 임파류를 증가시키게 된다.

레이저기의 진동 기능은 두피의 모세혈관을 자극하여 모근을 건강하게 하고 동시에 굳어진 근육을 부드럽게 한다.

▲ **그림13)** 헤어 레이저기

3. 두피·모발 관리를 위한 홈케어

두피·모발은 전문 관리실에서의 관리 못지 않게 고객 스스로의 꾸준한 관리가 매우 중요하다. 전문 관리실에서 아무리 효과적이고 좋은 관리를 받았더라도 홈케어가 제대로 이루어지지 않게 되면 두피·모발의 상태는 쉽게 개선되지 않기 때문이다. 그러므로 두피 관리사는 고객에게 스스로가 두피·모발 관리의 중요성을 인식할 수 있게끔 조언을 해주고, 집에서 쉽게 할 수 있는 관리 방법과 제품 등을 추천하여 홈케어가 제대로 이루어지도록 해야 한다. 또한 식생활, 샴푸 습관, 생활 방식 등 두피·모발 건강에 영향을 줄 수 있는 부분들에 대해서도 조언을 해주어야 한다.

▶ 두피 유형별 홈케어

1) 유·수분 정상 두피(카파 체질)

유·수분 정상 두피는 현재의 건강한 두피 상태를 유지하면서 두피에 문제가 생기지 않도록 예방 차원의 홈케어를 한다.

> • 샴푸 횟수 : 1일에 1회

2) 유·수분 과다 두피(피타 체질)

유분 과다 두피는 과다하게 분비되는 피지가 각질, 먼지 등과 뭉쳐져 두피를 뒤덮게 되면 세균이 번식하기 좋은 상태가 되므로 항상 두피를 깨끗하게 세정하여 피지로 인해 모공이 막히지 않도록 하고, 피지 분비 조절에 신경 써서 관리해준다.

> • 샴푸 횟수 : 1일 1~2회
> • 세정력이 좋은 샴푸 사용
> • 너무 뜨거운 물은 피지선을 자극할 수 있으므로 주의한다.
> • 드라이 : 두피가 젖어있지 않게 꼼꼼하게 말려준다.

3) 유·수분 부족 두피(와타 체질)

두피가 건조하기 때문에 너무 잦은 세정은 피하고, 보습력이 있는 세정제를 사용해 유·수분 밸런스를 유지할 수 있도록 해야 한다. 두피에 충분한 영양을 공급해주고 가벼운 두피 매뉴얼테크닉은 혈액 순환에 도움을 주어 유·수분 부족 두피를 완화시킬 수 있다.

- 샴푸 횟수 : 1~2일 1회
- 열 드라이, 자외선 등 건조한 열은 피한다.
- 잦은 펌, 염색 등 화학적 시술은 두피를 민감하게 할 수 있으므로 주의한다.

4) 예민성 두피(와타 체질)

두피가 매우 민감하기 때문에 항상 자극에 주의한다. 매뉴얼테크닉은 두피의 순환으로 면역 증강에 도움이 되지만, 너무 강한 압은 오히려 두피를 자극하기 때문에 가볍고 짧게 실시한다.

- 샴푸 횟수 : 1~2일 1회
- 열 드라이는 피하고, 자연 바람이나 차가운 드라이를 이용한다.
- 세정력이 강한 샴푸나 화학적 시술은 피한다.
- 세균에 대한 저항력이 약하므로 감염, 염증 등이 발생하지 않도록 두피를 항상 청결하게 하는 것이 좋다.

5) 비듬성 두피

비듬은 비듬균이 원인이 되므로 비듬균을 억제할 수 있는 관리와 제품을 사용하며, 항상 두피 청결에 유의한다. 과도한 비듬은 스케일링을 통해 제거해주는 것이 좋다

- 샴푸 횟수 : 1일 1회
- 건성 비듬 : 두피가 건조하면 더 악화될 수 있으므로, 충분한 유·수분을 공급해준다.
- 지성 비듬 : 과도한 피지 분비는 비듬을 더 악화시키므로 피지 제거에 중점을 둔다.

6) 탈모성 두피

탈모는 다양한 원인이 있지만, 유전 및 스트레스에 의해서 가장 많이 발생한다. 탈모 관리는 두피의 상태를 개선시켜 탈모를 지연시키고 더 이상 탈모가 발생하지 않도록 예방하고, 모발의 성장을 돕는 데 중점을 둔다.

- 샴푸 횟수 : 1일 1회
- 탈모 전용 샴푸제를 이용하여 두피와 모공을 청결히 하되, 두피에 자극을 주지 않도록 한다.
- 주기적인 매뉴얼테크닉을 통해 두피의 혈액 순환을 원활하게 한다.
- 육모제 및 양모제를 사용하여 두피에 영양을 공급해 모발 성장을 촉진시켜 준다.

저 자 약 력

- 허은영 : 성신여자대학교 건강복지학과 피부비만관리학 전공 외래교수
- 김경미 : 인천재능대학교 미용예술과 외래교수
- 박해련 : 강동대학교 뷰티코디네이션학과 겸임교수
- 송영아 : 성신여자대학원 건강복지학과 피부비만관리학 전공 겸임교수
- 이주미 : 인천재능대학교 미용예술과 전임교수

두피 모발학 – 오리엔탈 헤드스파

2014. 8. 4. 초 판 1쇄 인쇄
2014. 8. 11. 초 판 1쇄 발행

지은이 | 허은영, 김경미, 박해련, 송영아, 이주미
펴낸이 | 이종춘
펴낸곳 | BM 성안당

주소 | 121-838 서울시 마포구 양화로 127 첨단빌딩 5층(출판기획 R&D 센터)
　　　 413-120 경기도 파주시 문발로 112(제작 및 물류)

전화 | 02) 3142-0036
　　　 031) 955-0511

팩스 | 031) 955-0510
등록 | 1973.2.1 제13-12호
출판사 홈페이지 | www.cyber.co.kr
ISBN | 978-89-315-7750-1 (93500)
정가 | 20,000원

이 책을 만든 사람들

기획 | 황철규
진행 | 이옥환
교정·교열 | 이옥환
전산편집 | 인투
표지 | 박원석
홍보 | 전지혜
마케팅 | 구본철, 차정욱, 나진호, 강호묵
제작 | 김유석